家规 家训 家风

——歙县优秀传统文化昭示教育故事

中共歙县纪律检查委员会
歙 县 监 察 委 员 会 ◎ 编

安徽师范大学出版社
ANHUI NORMAL UNIVERSITY PRESS

·芜湖·

图书在版编目(CIP)数据

家规 家训 家风:歙县优秀传统文化昭示教育故
事/中共歙县纪律检查委员会,歙县监察委员会编.
芜湖:安徽师范大学出版社,2024.9.
ISBN 978-7-5676-6850-8

Ⅰ.B823.1-49

中国国家版本馆CIP数据核字第2024F090L0号

家规 家训 家风——歙县优秀传统文化昭示教育故事

JIAGUI JIAXUN JIAFENG SHEXIAN YOUXIU CHUANTONG WENHUA ZHAOSHI JIAOYU GUSHI

中共歙县纪律检查委员会 歙县监察委员会◎编

责任编辑:孙新文	责任校对:卫和成 庞格格
装帧设计:王晴晴 冯君君	责任印制:桑国磊

出版发行:安徽师范大学出版社

芜湖市北京中路2号安徽师范大学赭山校区

网　　址:http://www.ahnupress.com/

发 行 部:0553-3883578　5910327　5910310(传真)

印　　刷:安徽联众印刷有限公司

版　　次:2024年9月第1版

印　　次:2024年9月第1次印刷

规　　格:700 mm×1000 mm　1/16

印　　张:11.25

字　　数:158千字

书　　号:978-7-5676-6850-8

定　　价:60.00元

凡发现图书有质量问题,请与我社联系(联系电话:0553-5910315)

家规　家训　家风

——歙县优秀传统文化昭示教育故事

编　委　会

主　任：程志强　谢振飞

成　员：（按姓氏笔画为序）

王　凯　方　亮　石　磊　叶永进　吴华明

吴丽霞　吴来露　吴　岚　吴　炯　余国庆

汪春芳　胡鸿鑫　洪振秋　徐国军　凌　文

凌咏秋　凌道文　傅　文　潘　伟

本书编写组：（按姓氏笔画为序）

王卫东　王红春　方钦源　江伟民　江红波

江镇宇　许亮亮　张卫民　邵宝振　洪振秋

洪　健　凌　文　凌道文　詹　静

序

千百年来，"家国天下"的情怀深入中国人的骨髓。家是最小国，国是千万家。古人云：身修而后家齐，家齐而后国治，国治而后天下平，亦即"修身、齐家、治国、平天下"。治国从治家开始，而一个家族、家庭的家规、家训是"治家教子、修身处世"的重要载体，是中华民族传统文化的重要内容。

歙县自公元前221年秦朝建县，至今已有2240多年历史。宋改歙州为徽州，歙县是古徽州的政治、经济、文化中心。徽州素有"东南邹鲁、礼仪之邦"的美誉。以歙县为主要发祥地的徽文化，更与藏文化、敦煌文化三足鼎立，大放异彩。"新安十五姓"均为迁自中原的名门望族，在家风传承中以朱子《家礼》为蓝本，逐步形成了孝悌、耕读、清廉、乐善、勤俭的优良家风。《家规　家训　家风——歙县优秀传统文化昭示教育故事》主要撷取歙县历史上的20个名门望族的发展轨迹及近现代13位优秀代表人物的生平事迹，旨在通过对歙县历史上优良家训家风的梳理，汲取精华内核，做好传承和弘扬，为新时代歙县社会发展和文明进步提供精神滋养。

习近平总书记指出，不论时代发生多大变化，不论生活格局发生多大变化，我们都要重视家庭建设、注重家庭、注重家教、注重家风，使千千万万个家庭成为国家发展、民族进步、社会和谐的重要基点。

家风正，则民风淳；家风正，则政风清；家风正，则党风端。我们通过对歙县古今家风家训的整理和挖掘，使之成为一股清泉，滋润你我，从而孝悌为人、忠厚传家、修身修德。这也正是《家规　家训　家风——歙县优秀传统文化昭示教育故事》所要彰显的时代意义和时代价值。

《家规　家训　家风——歙县优秀传统文化昭示教育故事》编委会

2024 年 3 月

前　言

　　家规，是指一个家庭或家族所规定的行为规范和行事准则，即什么事可做、什么事不可做的"正负面清单"；家训，是指一个家庭或家族对后世子孙立身处世的教诲和劝谕，涵盖遵守家规的规矩意识、道德要求、行为准则和处事法则；家风，是指一个家族在对家规家训的长期坚守和代际传承中，逐步形成的具有稳定内涵的价值取向、行为习惯和行事风尚。

　　中国是礼仪之邦，五千多年的美好品德与优秀文化传承至今。"没有规矩不成方圆"，这句俗话说得好。从古代的孟母三迁开始，就告诉人们优良的家风是必不可少的。徽州乃"东南邹鲁、礼仪之邦"，歙县是徽州府治之所在，其家规严格，家风严谨，传承有序。

　　歙县家风家训的形成、发展与徽州历史文化的发展密不可分。徽州（歙州）历史上有过三次大规模的人口迁徙，分别发生在西晋时期的"永嘉之乱"、唐中期的"安史之乱"、北宋末年的"靖康之乱"。北方世家大族为避战乱，纷纷南迁，定居徽州（歙州），带来了中原地区先进的文化和生产力。徽州的名门望族绝大多数出自"中原衣冠"。方氏始迁祖方纮，出自河南望族；汪氏始迁祖汪文和，出自山西平阳郡望族；程氏始迁祖程元谭，出自河北广平郡望族；鲍氏始迁祖鲍伸，出自山西上党郡望族。迁居徽州大地后，他们一方面恪守宗谊、严尊谱系，完善家族的宗法制度与文化；另一方面在自觉或不自觉地传播深厚的儒家文化，敦进儒家礼仪。越来越多的家族聚居成村，逐步"开枝散叶""代渐兴旺"。

歙县原土著居民为山越人，歙县家风的形成有两个显著的特征：一是中原文化与山越文化的长期融合发展，使中原文化对古徽州家风的逐步形成起到主导作用，最终"礼义廉耻、孝悌忠信"成为歙县家风发展的共同文化根基；二是宋元时期新安理学在徽州兴起，逐步深入人心，受人推崇，打开了儒学思想在徽州地域的创新空间，各大家族在家风传承中主动创新，一方面追求政治上的"积极入世"，另一方面在社会生活中求"真知"，求"实理"，"知行为一"。这些"家国"情怀，深刻影响了歙县社会风尚，使得歙县家风文化发展胜于他处。在歙县各家族家风代际传承发展中，不同的文化和家风相互碰撞、吸收和共同提升，形成歙县家风"孝悌、耕读、清廉、乐善、勤俭"的强大文化内核，逐步孕育出了博大精深的徽文化，有力促进了徽商的兴起和财富的积累，全面形成了"贾而好儒"的文化传统和"忠厚仁义"的人格特征。这也正是歙县之所以有如此众多的优良家风以及人才辈出的根源所在。

各大家族将儒家文化和儒家礼仪内化为家人和族人共同的行为准则，并书之于族规、家法、祠规、祖训之中，张贴于祠堂祖屋之内，镌刻于青石碑版之上，让其家人和族人时刻谨记、世世遵守。在"聚族而居"的需求、家族的重视及明清徽商的推动下，进而形成以孝悌仁义、耕读传家、清廉守正、诚信乐善、勤俭持家为主要内容的、独具特色的歙县家风家训。

孝悌仁义。《孝经》云："夫孝，德之本也，教之所由生也。"孝，在徽州宗族的地位是无可撼动的。世家大族的家训中，"孝"是最核心的内容。"孝"是能支持宗族管理与发展的内在逻辑，更是维系宗族兴旺的重要工具。宗族把"孝"作为人伦之本，为人之根。棠樾人鲍灿，持续为母吮吸血脓，终至痊愈。歙县社会风气崇文好儒，儒家推崇的"仁"渗透在优良的家风中。"仁"的核心是爱人，歙县家风的"爱人"主要有三："仁者爱己"，先磨炼自己的品格，达到恭谨宽厚，与人交以厚德为标准；"仁者爱下"，宗族"行善积德"，为后世子孙积累福报；"仁者爱女"，尊重女性，注重女子教育，棠樾村尚有全国保存最好的女祠。

耕读传家。徽州被称为"程朱阙里""东南邹鲁"，有着丰厚的文化土壤，宋明理学、清代朴学，都曾兴盛一时，代表人物云集。在传统"重本"思想和儒学思想的交织影响下，徽州形成"半藏农具半藏书"的文化传统，"十户之村，不废诵读"。宋元时期，徽州就设置官办小学，私家蒙学更盛。歙县家风，在这样的文化传承中不断发展，程朱理学是歙县家风形成的重要文化基因。儒学之精要与徽商结合一处，终成儒商沃土。徽商以义为利，以儒为经，引导从商之道。在《上川明经胡氏族谱·家训》中规定本族子弟五岁当入学，及早培养良习，端正思想，方能成才。勤奋是学子必备品行，歙南瞻淇的"老虎巷"，因子弟读书"虎虎生风"而得名。长期的崇文重教，使"连科三殿撰，十里四翰林""兄弟翰林"这样的文化现象在歙县屡次重现。雄村"父子尚书"曹文埴、曹振镛，深得皇恩，清乾隆年间赐建"四世一品"坊。近代以来，郑村"不疏园"走出了清末大儒汪宗沂，潭渡孕育了有着"南黄北齐"之誉的新安画派一代宗师黄宾虹，黄潭源涌现出伟大的人民教育家陶行知，歙北许村镇"一门五博士""一村四院士"光耀徽州，为时人津津乐道。

清廉守正。三国两晋以来，中原人口大规模南迁，为歙县带来先进的生产力与文化。歙县教育昌盛，涌现出许多读书入仕的官吏，在"礼义廉耻、孝悌忠信"的传统思想影响下，培育了为数众多的清官、廉吏，在不同时代，都出现了严于律己、克俭奉公、直言敢谏的代表人物。跨越历史的长河，这些清官廉吏受传统家风家训的影响，胸怀国家、鞠躬尽瘁、勤勉慎独、清正廉洁、正义凛然、德行明洁、正直不屈，他们追求高尚纯粹的思想境界，值得人们钦佩。唐代吴少微，为官一生严格自律、忠于职守；南宋宰相程元凤，"羞于与奸臣为伍自请辞""不以国资报私恩"；明代抗倭名将殷正茂"不畏权贵，正直敢言"；明代凌相、凌琯、凌尧伦，万历皇帝赞其"三代忠良，一门清誉"；清代绍濂小溪人项蕙，任广顺州知州，为官清廉，有"种菜知州"之誉；更有《资本论》中提到的唯一一位中国人王茂荫，铭记祖母教诲，为官洁身自好，"胸怀坦荡，两袖清风"。

诚信乐善。朱熹说："诚是不欺妄底意思。""诚是个自然之实，信是个人所为之实。"徽商最初经营的都是小本生意，以诚信立本，得到消费者的信任，据此逐渐积累客源，凭借以诚待人，使徽商叱咤商海数百年，创下"无徽不成镇"的传奇。徽商富可敌国，依然自奉简约，克勤克俭，质朴善良。面对国难民困或旱荒水灾，名门望族大都仗义疏财，"济乡里""修桥梁""置义田、义冢""赈贫恤寡"等。瞻淇汪泰来，康熙五十一年（1712）进士，任潮州府同知，潮州北门外长堤毁于山洪，汪泰来募金重筑，百姓为纪念其功德，命名为"汪公堤"。江村人江演，商于扬州，经常为人排难解纷，捐银万两亦无所吝；其孙江春任两淮总商40余年，前后捐资助朝廷平叛小金川、治理黄河、平台湾叛乱等银两超一千万两，乾隆赏赐"内务府奉宸苑御""布政使"等头衔，时谓"以布衣上交天子"。清代棠樾人鲍淑芳父子行善，嘉庆年间赐建"乐尚好施"坊。三阳洪伯成，是王茂荫的二姑丈，乐善好施，仗义乐为，其支谱记载"慷慨之怀，为世所稀，关桥迤西山径崎岖，公捐资以成坦途"。

勤俭持家。徽州"八山一水半分田，半分道路和庄园"的自然环境，使得生活环境和生存条件恶劣，无论对个人还是家族生存，都存在极大挑战。徽州人立志通过自己勤劳的双手改变自己的生活，"士农工商"，均需勤业。勤为兴家之要，更是生存之基。在强调勤劳的同时，更重视德行。明清时期，徽州宗族将商业与农业置于同等地位，在宗族规训中反复敦促族中子弟。由于生存资源有限，古徽州人地矛盾突出，守勤的同时，节俭亦是必需。取之有道，用之有度，方为持家根本。在古徽州地区优良家风中，"做人须从取舍上起"，节俭首重"理财"，倡导"以布为美，首饰朴实"。民国《歙县志·风土》载："妇女尤勤勉节啬，不事修饰，往往夫商于外，所入甚微，数口之家端资内助，无冻馁之虞。"陶行知母亲勤俭节约，家人剃头，她一人包办，陶行知撰写《吾母所遗剃刀》："这把刀！曾剃三代头。细算省下钱，换得两担油。"

习近平总书记指出：家风是社会风气的重要组成部分。家庭不只是人们身体的住处，更是人们心灵的归宿。家风好，就能家道兴盛、和顺美满；家风差，难免殃及子孙、贻害社会，正所谓"积善之家，必有余庆；积不善之家，必有余殃"。歙县素有"东南邹鲁、礼仪之邦"之美誉，通过对歙县历史上优良家规家训的梳理，汲取精华内核，传承和弘扬优良的家风，修身修德，忠厚传家，为新时代歙县社会发展和文明进步提供精神滋养。

目　录

下 编

上编

雄村曹氏：为政以德　清正廉明

江村江氏：其身正　不令而行

小溪项氏：兴讲学　重教化

沙溪凌氏：读书立人

岑山渡程氏：欲振家声　必先读书

大阜潘氏：进德修业

瞻淇汪氏：勿以善小而不为　勿以恶小而为之

呈坎罗氏：学为日益　不学无术

西溪汪氏：遗经教子　诗书传家

岔口吴氏：静修身　俭养廉　气骨清　正方圆

西溪南吴氏：笃志虚心　敦学立品　孝友和爱

潭渡黄氏：乡贤励学续华章

棠樾鲍氏：孝以锡类　百行之原

郑村郑氏：奕世忠贞　名宗孝祀

杞梓里王氏：孝悌为先　忠信为本

三阳洪氏：积德行善　不惟俗论

北岸吴氏：行善积德

许村许氏：读书积善光门第　尊祖敬宗好儿孙

蓝田叶氏：借术济世

槐塘程氏：医儒兼治　仁心惠民

雄村曹氏：为政以德　清正廉明

　　雄村位于歙县县城西南，距县城7公里。村南渐江环绕而过，村东北城阳山为唐代名士许宣平修身处。清初，村人在渐江西岸建200米堤岸，以麻石为栏，以五色鹅卵石组合成"五福""鹿鹤同春""喜鹊登梅"等图案镶嵌在路上，石栏外植桃树，春季桃花盛开，远近闻名。这就是歙县著名景点桃花坝。坝畔古民居、竹山书院、竹山文会、大中丞坊等建筑交相辉映；河对岸慈光庵精巧古朴；村中还有非园、学宪第、柱史第、光禄第、宰相府、崇报祠等历史遗迹，令人怀想。

　　唐末黄巢起义，江西招讨使曹全晸率长子曹翊、次子曹翔征讨，曹翊在歙县黄墩阵亡，葬黄墩北山下。曹翊无子，曹翔次子曹遇，守墓奉祀，自黄墩转居徽城南街，为歙县曹氏一世祖。元代，歙县曹氏后裔曹英芝，生二子，长子曹子华居徽城南街；次子曹彦中，生子关一，明洪武十三年（1380）迁居洪村，娶村中洪伯英之女为妻。曹关一长子宗仁定居洪村，生四子；次子宗礼居徽城，生三子，后裔都有迁居洪村者。洪村曹氏子孙繁茂，至明成化时衍成大族，曹氏成为村中主姓，引东汉著名碑刻《曹全碑》中"枝分叶布，所在为雄"句，改村名洪村为雄村。

　　明成化甲辰（1484）年，雄村曹祥中进士，官至副都御史，功业显著。此后，雄村曹氏出现了"一门三进士"（曹观、曹祯、曹楼），"四世四经魁"（曹观、曹祯、曹深、曹楼），"一朝三学政"（曹文埴、曹城、曹振镛）等科举佳话。清末翰林许承尧感叹道："吾乡昔宦达，首数雄村曹。"雄村曹氏荣耀显赫，与其重视家族教育和家族治理密切相关，"家国一理，齐治一机""欲治其国，先齐其家"。雄村曹氏在明代自宗仁派开始崛起，他们亦商亦儒，良性发展。明正德二年（1507），宗仁支下四房后裔建成宗祠"孝思堂"。宗礼派有所失色，但不甘落后，发愤图强。清乾隆十七年（1752），宗礼支下三房后裔建成宗祠"一本堂"。乾隆二十七年（1762），雄村曹氏举行了一次历史性的总结和表彰，建起"大中丞坊"，又称"光分列爵坊"，坊上镌刻了曹氏家族自曹祥起到曹文埴止所有进士、举人的名字。后因宗礼派后裔曹文埴、曹振镛父子官位显赫，一本堂成为雄村曹氏统宗祠，至今仍然屹立村中。

曹文埴（1735—1798），字竹虚。乾隆二十五年（1760）传胪，选授翰林院庶吉士，授编修，任职懋勤殿，后为翰林院侍读学士，在南书房行走，升詹事府詹事。父丧丁忧归，迁左副都御史，历刑部、兵部、工部、户部侍郎，为《四库全书》总裁官之一。员外郎海升殴打并杀害其妻子，以自杀上报，其妻弟贵宁抗争鸣冤。朝廷命纪昀等验尸，仍以自缢结案。贵宁以为海升与大学士阿桂有连，故验不实。朝廷更命曹文埴与伊龄阿重新审理，得殴杀状，以实报闻，案明而定。乾隆赞誉曹文埴等"不徇隐，公正得大臣体"。和珅专政，阿桂位高。曹文埴为户部尚书，特持正，既不攀阿桂，又不附和珅，任事维艰。乾隆五十二年（1787），曹文埴以母老乞养，恩准归里。曹文埴在家乡修葺徽州府考棚，重兴古紫阳书院等，六邑人文蔚起，倡率之力为多。乾隆五十五年（1790），曹文埴亲率华廉戏班进京，为乾隆祝八十岁寿，在宫中演徽戏两日两夜，观者皆赞赏，使得徽戏在京城名声大噪。而后"四大徽班"进京，促成京剧诞生。乾隆帝感念君臣之情，诰授曹文埴为光禄大夫、太子太保、户部尚书，其曾祖曹士琏、祖父曹世昌、伯父曹景廷、父亲曹景宸同时诰赠一品官衔。于是雄村曹氏一本堂门前建起"四世一品"坊。

四世一品坊

　　曹文埴子曹振镛（1755—1835），字俪笙。乾隆四十六年（1781）进士，选庶吉士，授编修。因父荫，特擢侍讲，累迁侍读学士。嘉庆三年（1798），迁少詹事。守父丧满后授通政使。历任内阁学士，工部、吏部侍郎，工部尚书。《高宗实录》成，加太子少保。调户部，兼翰林院掌院学士。嘉庆十八年（1813），调吏部尚书，为协办大学士。不久拜体仁阁大学士，管理工部，晋太子太保，为军机大臣。道光元年（1821）晋太子太傅、武英殿大学士。道光六年（1826），充上书房总师傅。道光七年（1827），回疆平，晋太子太师。道光八年（1828），张格尔就擒，晋太傅。嘉庆帝出巡热河，命曹振镛留京代行政事，这即是民谚"宰相朝朝有，代君三月无"的由来，足证其位极人臣的元老地位。但曹振镛为人非常勤慎，凡是他所管理的事项，必要亲力亲为。每收谕旨及衙门奏章、呈文等，无不反复阅视，点画讹误必加改正，不喜他人轻率。曹振镛门人陶澍官两江总督时，准备废除盐引，先写信向其请示。曹家一向是盐业大户，但他不计较家族利益得失，大力支持，事情得以顺利推行。

曹文埴、曹振镛被称为"父子尚书"，是雄村曹氏家族的荣耀。但是，曹文埴、曹振镛父子的成长同样离不开曹氏家族的影响。清初，曹文埴祖上即在扬州创业，曹氏秉承儒商精神，以义为利、诚信经营、公正待人，历经几代人努力，到曹文埴曾祖曹士琏一辈已为富商。祖父曹世昌把事业推向高峰，为富甲一方的盐商，曾接驾康熙帝南巡。伯父曹景廷、父亲曹景宸继承祖业，遵父训，为族中子孙后代谋，在雄村建宗祠，筑书院，延师教子。又购置义田500亩，以助族中孤寡及弟子乡试、会试费用。

曹景廷、曹景宸所建的竹山书院，名噪一时，被誉为"江南第一古书院"。竹山书院讲堂正厅悬挂有曹文埴所撰名联："竹解心虚，学然后知不足；山由篑进，为则必要其成。"这副对联既表达了书院风气及学子治学处世的理念，又巧妙将书院之名"竹山"及作者之号"竹虚"融入其中。当然也是曹文埴为人处世的经验总结。曹文埴之子曹振镛一生历乾隆至道光三朝，官至领班军机大臣，从其行事风格看，父亲的言传身教对他的教育启发作用很大。竹山文会，以文昌阁和清旷轩为标志性建筑。文昌阁又名凌云阁，阁分两层，上层供奉文昌帝君，悬有曹文埴所书匾额"俯掫群伦"；下层供奉孔圣人，悬有匾额"贯日凌云"及对联"扶君臣朋友之伦，心悬日月；证圣贤豪杰之果，道在春秋"。雄村曹氏培育人才的宗旨即蕴含其间。清旷轩又名桂花厅，乃学社、文会活动及学子休闲的场所。轩厅悬匾额"所得乃清旷"，出自曹文埴族兄曹学诗的名篇《所得乃清旷赋》。

曹学诗（1697—1773），字以南，号震亭，乾隆十三年（1748）进士。为麻城、崇阳知县，皆有政声。曹学诗虽官位不高，但与曹文埴、曹振镛一样，都有共同的精神追求，都是清正为人、勤奋作为、廉洁自好的儒学君子。其工骈体文，求取碑铭、传记之人几无虚日。安贫著述，泊然寡营。双亲丧后，授徒终老。著有《经史通》《宦游集》

《黄山游记》《易经蠡测》《香雪文钞》《古诗笺意》《笠荫楼诗集》等。曹学诗所言"石栏曲折，能留野老看花；沙圃宽平，不碍农家种菜"，被清代诗坛领袖袁枚赞为极妙句。

"传家有道惟存厚，处事无奇但率真。"回顾雄村曹氏家族传承，体现了雄村曹氏以儒家思想为根本，追求"为政以德，清正廉明，报效国家，竭力尽忠"的家风。

江村江氏：其身正 不令而行

江村地处歙县县城北郊，距县城3公里。村落背靠飞布山，布射河自村西流过，田园池塘，烟户千家，清代诗人鲁琢有诗句赞曰："沙明水净橙阳路，夹堤榆柳青无数。钟声遥递白云间，古刹阴连最深处。隔岸云峰地渐幽，云岚桥畔绿云稠。渔樵出入烟村里，舍宇参差耸画楼。"先居江、程二姓，村名橙子培。北宋明道二年（1033），济阳江姓迁入，后子孙蕃衍，易村名为江村（现隶属歙县桂林镇）。人文荟萃，进士有江东之、江世东、江中楫、江皋、江同海、江同淇、江允讷、江朝宗、江笔、江广誉、江为龙、江廷泰、江德量（榜眼）、江绍莲（恩赐）、江绍憙、江健、江登云。其中江皋与江同海、江同淇与江允讷为两对同科进士。

江村商人是清代顺治至嘉庆年间两淮盐业经营的主力军之一。其中江春的曾祖父江国茂于清顺治年间到江苏仪征县经营盐业，祖父江演于清顺治初年到扬州。江演是江氏家族中担任两淮总商的第一人，任职34年。江春的父亲江承瑜子承父业，为两淮总商之一，并迁居仪征。江承瑜于乾隆三年（1738）去世，江春的母亲田氏继任了其丈夫的总商职位。乾隆六年（1741），江春接任两淮总商，当时他才二十一岁。江春为两淮总商，接待乾隆皇帝巡视江南，世人称"以布衣上交天子"，赐官累至布政使一品衔，追封三代"四世一品"。当然，江氏祖孙三代之所以显名于后世，不仅是因为他们"富可敌国"，而是他们践行了《江氏家训》："君子居乡，当以德化人，如修桥路、义仓义冢之类，有益于乡党者，倡首为之。"所谓的"其身正，不令而行"，形成了良好的家风传承。

江国茂三岁丧父，是祖母洪氏培养其成人，二十岁时考中秀才，过着著书为文、教授弟子、交接名流的悠闲生活。但清初天下初定，流寇盗贼时常骚扰乡间，不得安宁。为避寇乱，江国茂带着家人离开江村，经芜湖、南京到达江苏仪征县，暂时安栖下来，在淮海间经营盐业生意，虽然多方奔走，辛苦万状，但家业仍然未能振兴。

江演（1637—1710），字次羲，号拙庵。出生于明末崇祯十年（1637）。他跟随父亲经营盐业，积累了丰富的经验，其做事豪爽，为人洒脱，胸怀坦荡，志向远大。

盐商招牌

众商在盐务中遇到困难，他总是运用自己的聪明才智，处理得准确而恰当。因他处理事务不藏私心，总是以是否对世事有益、对别人有所帮助为原则，所以江演在徽州众商中树立了很高的威望，被推举为总商，而且一干就是34年。康熙皇帝南巡扬州时接见了江演，并赏赐墨宝和其他财物，作为一名商人，那是无限的荣光！

江演经营盐业数十年而成巨富。许多人穷的时候十分节俭，一旦暴富就过着锦衣玉食、花天酒地的生活，但江演对自己还是很"吝啬"：一件布衣穿了又穿，洗了又洗，褪色破旧了仍舍不得扔掉；一床蚕丝被盖了数十年，也不换一条新的；除非宴请客人，平时都是粗茶淡饭，鸡鸭鱼肉是上不了饭桌的。时人评议江演有春秋时齐国大夫晏子之遗风。江演赚了那么多的钱，生活又这样节俭，那钱都去了哪里？原来他的钱大部分用在了扬州与家乡江村等地的社会公益事业上，而

且一次捐资数千上万两白银是常有的事情，其中耗资最大的一项就是开凿徽州北上要道——绩溪叶坝岭新路。

康熙三十三年（1694），江演听说歙县的乡绅向府县投了联名信，要求恢复歙东故道。于是，江演聘请吴菘（字绮园，歙西莘墟人）负责实地勘察，规划路线，计算工程量，族亲江承元（字涵初，号诚斋）、江廷英（名世杰，号待园）具体负责组织施工与现场监督。康熙三十三年（1694）农历闰五月正式开工，召集石匠，开采石头，将低洼的地方填平，狭窄的地方拓宽，弯曲凸起的地方铲平，在濒临悬崖的地方安上石头栏杆以防护。有些地方弯弯曲曲不能直达的，则不惜重金购买田地，将道路裁弯取直，路面上皆铺设石板。并且配套建设了邮递的驿站、巡逻防守的哨铺、施茶的庵堂等设施，路面也比原来的旧路加宽了许多。康熙三十五年（1696）二月，经过近两年的紧张施工，一条宽广平坦的新路终于建成了，这项宏大的工程耗资数万两白银。这样，徽州北上陆路通道的瓶颈就被打通了，方便了徽州府城及西部的休宁、黟、祁门等县商旅进出旌德、芜湖等地。

在寄寓之地扬州，江演依然慷慨捐助不已。如一年扬州大火，烧毁了近百家老百姓的房子，他请人将钱一一送上门去，给这些受灾的百姓重新置家，并且吩咐不要说是谁送的银子。康熙十八年（1679），扬州大旱，伍佑至东河河道枯竭，江演捐银予以疏浚，使得盐船得以通行，商民免受车马劳顿。此外还捐资重修金陵（今南京）燕子矶的关帝庙等。至于赈济孤寒、焚毁借券以及组织盐商为国家捐输则是常有的事。

在徽州故里，江演还捐助修建了许多公共设施。如于康熙十五年（1676）修缮府城城北万年桥南岸靠城的两个桥洞，将容易风化的麻石更换成青石，桥口建起券门，协镇姚宏信在券门上题"北关通津"四个大字。捐资修建江村的江氏宗祠，独建支祠；购买祭田，以为常费。建江村锦里亭，以为憩息之所。开办义塾，免费教授族中子弟，教师供给薪资，学生供给伙食，根据其特长，或学或商，皆予以资助。对家族中的贫困户，予以接济，并形成定例。

江承瑜（？—1738），字昆元，号惕庵，江演之子。性情仁慈，只要有义举，必定慷慨解囊，诸如修建江氏宗祠，修治故里江村村东道路；每年都要捐钱给村中贫苦的族人。在扬州，因气候湿热，民众容易得病，他便出钱请医生，设立医馆，为百姓免费诊疗，使许多人得以康复。凡是遇到水旱等灾害，他一如既往地出钱出粮，救济灾民。民众感恩戴德，将他的画像挂在家中，以示崇爱。

江春（1721—1789），字颖长，号鹤亭，江承瑜之子。清乾隆六年（1741）乡试，以兼经呈荐，因额溢落第，遂绝意科举。后继承其父江承瑜遗志，业盐江都。他练达明敏、才略过人、谋深虑远，且熟悉盐法，深受盐运使倚重，被推举为两淮总商，历40余年。所营江广达盐行经销盐引约占两淮盐引十分之一，年获利300万两，每年另有总商补助10万两。

乾隆三十八年（1773），朝廷在平定小金川叛乱之时，江春等捐银400万两，以备军需之用，得赐授正一品光禄大夫衔并追封三代、赐建四世一品坊。乾隆四十五年（1780），捐献南巡备赏银100万两。乾隆四十七年（1782），江春等捐献治理黄河工程银200万两。乾隆四十九年（1784），捐献南巡备赏银100万两。乾隆五十年（1785），江春等捐献乾隆执政50年庆典贺银100万两，并与兄江进恭赴千叟会。

乾隆五十三年（1788），江春等捐款200万两银子作为清廷平定台湾林爽文"天地会"叛乱的犒军之饷。乾隆五十七年（1792），清廷平定西藏之乱，嘉庆四年（1799）平定川、陕之乱，江春等先后捐款150万两、100万两、200万两银子。据统计，从乾隆十二年（1748）征讨大、小金川，到乾隆六十年（1795）镇压湖南石三保苗民起义，以江春为首的两淮盐商先后捐助军需银8次，总额达1510万两。

官引过秤图

黄河泥沙淤积，向有"三年两决口，百年一改道"之说，历史上曾多次发生夺淮入海的水灾，影响两淮盐业的生产，乾隆四十七年（1782），江春等捐银200万两，用于黄河治理工程；乾隆五十三年（1788），扬州洪水暴涨，江春等捐银100万两，用于赈灾。"每遇赈灾、河工、军需，百万之费，指顾立办。"这是时人对江春的评价，这不仅体现了江春具有雄厚的财力，还体现了他的工作效率、气魄和高度的社会责任感。

乾隆皇帝曾于乾隆十六年（1751）、二十二年（1757）、二十七年（1762）、三十年（1765）、四十五年（1780）、四十九年（1784）六次巡视江南，江春都参与接驾。传说，有一次乾隆帝游览扬州大虹园（今瘦西湖）时，对周围的人说：此处很像南海的琼岛春阴，可惜没有塔罢了。江春听了，立马花重金请人画出塔的形状图纸，随后召集工匠，一夜之间用盐包堆成一座塔，乾隆龙心大悦。乾隆六次南巡，江春均接驾供奉宸游，其费用不可估量。懋著劳绩，得赐内务府奉宸苑卿衔。文学家袁枚称"恩遇之隆，古未有之"，时谓"以布衣上交天子"。

"慈祥浑厚，重义轻财"，是江演的本色。他晚年安居故里，以德化人。文华殿大学士张玉书（1642—1711，字素存，号润甫，今江苏镇江人）书写"德重天褒"匾额以表彰。"千金散尽还复来"，时人以平原君、孟尝君相比拟。江演良好的家风得以传承，其子江承瑜是乐善好施的商人，其孙江春急公好义，乐行不倦，享誉一时。江春子江振鸿（字吉云、颉云，号成叔），贾而能儒，嘉庆八年（1803），赈济徽州饥民，又捐田千余亩，为全族祭祖周贫之费。江振鸿子江大镛，承继义举，踵行不倦。良好的家风传承数代人，堪称徽商的典范！

小溪项氏：兴讲学　重教化

小溪村，位于歙县县城西南约35公里处的一个椭圆形小盆地，村落四面环山，后枕五峰山，面屏笔架山；西有岑山；北有莲岩；西北有辛峰，西南有轿顶山、火焰山。富溪、东源二水在村合流，至岑山下潆洄向北至石潭，转而西流，环注钓矶、烈女潭，复又绕回向南，回环往复。小溪风景秀丽，古有"溪干犁雨、源岭樵云、烈潭秋水、岑潭松影、壶山夕照、东山秋月、西山红叶、丛林晓钟、多宝晚梵、莲台春眺、芙蓉积雪、园林夜读"十二景。

唐中和二年（882），项泉与其子项琏，为避黄巢起义烽火，自浙江青溪县敦福乡轩鬃（今属淳安县）迁居歙州郡城。项琏生子项绍，后唐清泰三年（936），项绍举家自郡城转迁歙南仁爱乡涌泉里贵溪村，以该处与淳安茶园小溪祖居地相似，遂名村曰小溪。南宋后名人辈出，又作桂溪。

小溪项氏因文名世，因商富族，人才辈出，为古歙之望族。南宋后科甲鼎盛，《桂溪项氏族谱》记载"涵濡教化，素有以砥砺于其间"。自宋至清有文武进士项牧、项梦元、项煜、项人龙、项时亨、项亦銮、项樟、项名达、项晋荣、项士俊、项对尧、项兆、项廷标等13人。其中项牧与项梦元、项煜与项亦銮为两对父子进士。举人20名，项龙章、项蕙为同胞举人，项兆龙、项廷彪、项行吾为同科举人，另有项极之、项麒、项骙兄弟中待补经魁二、三、四名，人称"一门经魁"。项蕙（1639—1691年，字素修、景原，号临漪、俟庵）以举人官广顺知州，在任"益凛廉洁，冰蘗自持"，种菜自给，有"种菜知州"之称。

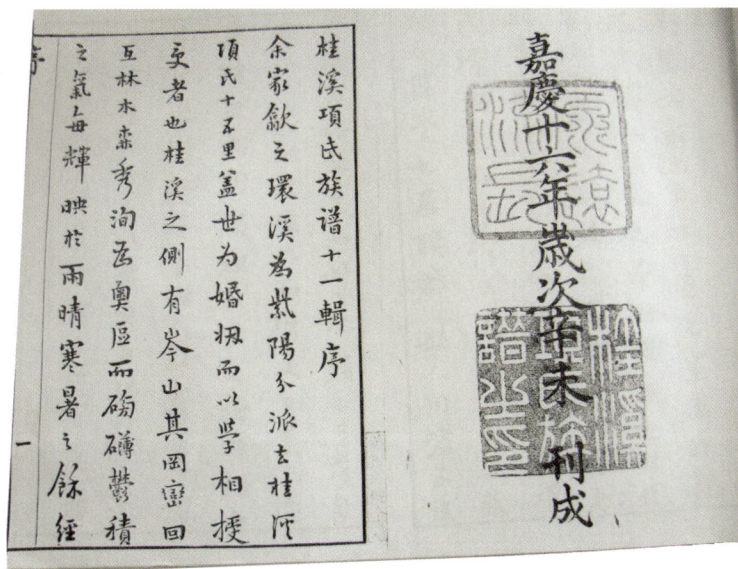

桂溪项氏族谱

项氏迁居小溪后，男耕女织，兴讲学、重教化，文风昌盛。小溪有一座著名的书院名岑山书院，它始建于宋代，时村人项安定（字仲礼）潜心经学，在村西岑山架梁结屋，名岑山堂，为读书讲学之所。它的创建时间比紫阳书院还早近百年。项安定兄项致（字伯温）、进士毛子廉承担了日常讲学任务，悉心培育村族子弟。进士项牧（字伯谦）亦曾讲学其中，他与大儒朱熹相友善。

项牧（1132—1199），幼聪颖嗜学，13岁开始在家里一边学做生意，一边自学，手不释卷，19岁补州庠生。南宋淳熙十一年（1184）考中进士，官至郴州军事推官。精研经史，尤以文学名世，著有《郴州文稿》《项氏家谱》。其子项梦元（字仲从），12岁从父读书，日记数千言，通六经大义与治国之道，南宋端平二年（1235）考中进士。世称"父子进士"。项牧、项梦元的"父子进士"使得小溪项氏扬名于外。

为鼓励项氏子孙用功读书，项牧抓住朱熹返乡探亲扫墓的机会，邀请朱熹到桂溪岑山堂讲学。南宋淳熙三年（1176），朱熹兴致勃勃来到小溪村的岑山堂，面对项氏子弟，侃侃而谈，他意味深长地说："莫道溪流小，深源更可寻"。并作《题岑山书堂》诗一首，诗道："木落空山证道心，一篇终日费沉吟。不知寂寞秋窗里，中有春融睨晚声。"见小溪村地理形胜，十分赞赏，遂应邀题写"三面漾溪"四个大字。因朱熹在岑山堂讲学之故，后人便称岑山堂为"岑山书院"。故明代人吴峰曾作诗曰："岑山顶上读书堂，父老传曾宿紫阳。"

由于多次遭受战乱兵火，岑山书院最终化为灰烬。至清嘉庆四年（1799），村人项继祖倡议重建书院，村中士绅皆踊跃捐款，没几天就筹到了二千余缗，于是准备材料，招聘工匠，次年兴工筑造。自四月至九月，仅用了六个月的时间就完成了复建，《桂溪项氏族谱》记载："盖即山之曲折，甃石作级，盘纡而上，高阁入云，秘殿拱日。"外竖石坊，开棂星门，督学王绥题写"岑山书院"匾额。周边环境幽雅，杂花生树，风送香来。大殿中奉朱熹像，每年的农历十月十五日，项氏子弟在耆老的率领下，带着梨子、板栗、干肉等物品来祭拜朱熹。大殿后为数座精致的雕花小屋，为项氏子弟读书修习之所。

明崇祯年间，项秉直建翰墨林，内有联璧馆，以教授其子，馆当峭壁，题曰"面壁"；旁置半轩，为藏经阁，藏佛学典籍。清康熙年间，项宪购继园（明崇祯建，在莲岩山麓，内有亲莲室、漱芳斋、梦草居、辛化轩，明末毁于兵），在其遗址上建漾溪文会，内左仍设亲莲室，右置天香书舫、半亩方塘，方塘旁有小山一丛，尽栽金桂，雅致素静，为读书习字的佳处。清康熙间，项志发在辛峰建多宝塔以启文运。

小溪项氏亦有先儒后贾的典范，项纶家族的"四世一品"坊至今传为佳话，它是清代康熙皇帝对大盐商项纶的褒奖。项纶"奉公效力"，追赠其父项宪、祖父项时瑞、曾祖父项德旻为一品光禄大夫，世称"四世一品"。

项宪（1644—1716），字景元，号耐庵，项纶之父，清康熙年间两淮著名的盐商巨贾。他在继承祖父、父亲盐业经营的基础上，得到了更大的发展，当时的刑部尚书徐乾学（1631—1694，字原一、幼慧，号健庵、玉峰先生，江苏昆山人，清代学者、藏书家）曾"发本银十万两，交盐商项景元于扬州贸易"，可见项宪的影响之大。康熙皇帝南巡时，曾亲临项宪扬州家宅。项宪晚年回归故里小溪，清康熙五十四年（1715），项宪捐资重修明伦堂两庑及仪门，项宪亡故后，其子项绹继续负责完成工程建设，耗资白银万两；并建"东南邹鲁"石坊。

明伦堂［清康熙五十四年（1715），项宪捐资重修明伦堂两庑及仪门］

项纶（1669—1727），字经士，号柏亭，项宪长子。项纶早年埋头经书，一意科举，考授内阁中书，累官典训馆主政。由于父亲年老返乡，项纶弃官从商，接掌父亲留下的扬州盐业。项纶兢兢业业，经营有方，生意兴隆。每逢朝廷大事，均"奉公效力"。由于项纶表现非常出色，且多次捐输，数额巨大，于是康熙帝于康熙四十七年（1708）

给予奖赏，加十二级、授一品光禄大夫，他的夫人洪氏为诰命一品夫人，追赠其曾祖父、祖父、父亲三代为一品光禄大夫，世称"四世一品"，在故里小溪建四世一品祠，光耀乡里，盛极一时。

项绸（1672—1728），字书存，号澹斋，项宪次子。项绸以府学庠生官延安府同知，代理府谷县知县，诚心为民，善行实政，恩威并举。如地方团练总负责鱼肉乡里，欺压百姓，项绸将其革除法办；对一些不合理的苛捐杂税，项绸也予以裁撤，以减轻民众的负担，项绸的诸项施政政策得到了当地百姓的拥护与称赞。后辞官回家，协助其父亲项宪修治郡学，历经十余年建成"东南邹鲁"石坊；又建小溪项氏宗祠寝堂，增置义田，修义学，开义路，筑义冢，累计耗资数百万。项绸雅好博古，生平重交游，刊刻《水经注》《隶变》等书五十余种，校印精善，受到当时艺术界很高的评价。

小溪村还有因捐输而兄弟五人同时获得封赏的故事。清乾隆年间，桂溪项氏子弟项士瀛、项士濂、项士溥、项士灏、项士浚五兄弟，以捐输义举得官，一时被誉为"五子登科"。项氏兄弟既富文化情怀，又多善行义举，乾隆五十二年（1787），项士瀛捐资重建徽州府城文庙，其祭器、乐器亦重修，并捐白银200两生息，作为器具以后每年的维修费用；嘉庆元年（1796），重建故里水口处的桂溪亭；嘉庆五年（1800），项士瀛、项士灏建造小溪丛林寺山门，整修大雄宝殿，新建拈花庵、华严堂、香积橱、农具所等。其善举义行，难以枚举。

此外，项牧累官郴州军事司理，以文学名于时；项名达官国子监学政，精算学，著有《象数一原》；项怀述辑著《黄山印数》《篆法汇纂》，与项问达、项庚松、项绥祖，皆侨居两淮南河地区，以丹青篆刻鸣世，曹文埴称之为"南河四项"；项升士为收藏家，藏有《四子注疏随录》《家礼补乐考》《逊国录抄》等多部精本。由此可见小溪人文之盛，此乃"兴讲学、重教化"的结果。

沙溪凌氏：读书立人

沙溪，位于歙县县城北3公里，地处白沙河、富资水交汇之处，故称双溪。后以溪中砂细晶莹，易名沙溪（现隶属于歙县富堨镇）。沙溪村地理优越，景色优美，自元代以来文人墨客、名宦宿儒对沙溪村倍加赞誉。明代歙县人许国有"时光佳媚景谁铺，恰似唐人金碧图"的诗句；明万历年间任歙县知县的张涛撰有《沙溪八景诗》，分别为：沙堤春晓、双溪垂虹、新桥晚眺、平楚遥青、文台秋月、社坛烟柳、苍松挺秀、梅山霁雪。

沙溪原居民为凌姓。唐高宗显庆二年（657），凌安自余杭来任歙州判官，不幸病逝于任上，葬于城北里湖园之阳。其妻汪氏携子凌万一守墓于此，后定居沙溪，繁衍成族。子孙奉凌安为沙溪凌姓一世祖。

沙溪文风昌盛，人文荟萃。宋至清进士有凌唐佐、凌琯、凌义渠、凌世韶、凌駉、凌如焕、凌廷堪、凌泰交、凌泰封（榜眼）。凌唐佐（居休宁）官应天府知府，抵抗金兵被俘，不屈就义。凌廷堪，乾隆时在扬州参与全国戏曲检校，著有《校礼堂文集》《校礼堂诗集》《梅边吹笛谱》（词集）2卷。另有举人10名，贡生2名等。学者凌庆四，构北园，聚徒讲学，与唐仲实等宿儒应朱元璋召对，著有《济时三策》《北园小草》等；凌应秋纂《沙溪集略》8卷；凌立、举人凌赓臣及其子凌行健皆有著作行世；凌畹，画墨竹如写草书，世人共宝。

沙溪凌氏注重子孙教育，尤重启蒙教育。如在《凌氏传家规训》"教子孙"条款中有"年八岁则入小学，教以洒扫应对，入孝出弟，以及诗书六艺之文，于是习惯成自然，大人之礼既具矣"；在"勤耕读"条款中有"经书子史，凡天人之蕴，庶物伦常之理，修齐治平之要，靡所不备。读书以明道德者上也，其次亦可资之以成功名。试观昔之勤学者，如囊萤映雪、警枕悬梁，虽未造于圣贤之域，而立德建功名垂青史，俱显赫于当时，不亦为吾族人之所共励哉"；在"优士类"条款中有"出色乡邻，旌表门闾，非读书不能致此"。以上这些内容都明确表达了凌氏家族对孩童教育的重视以及读书立人的思想。

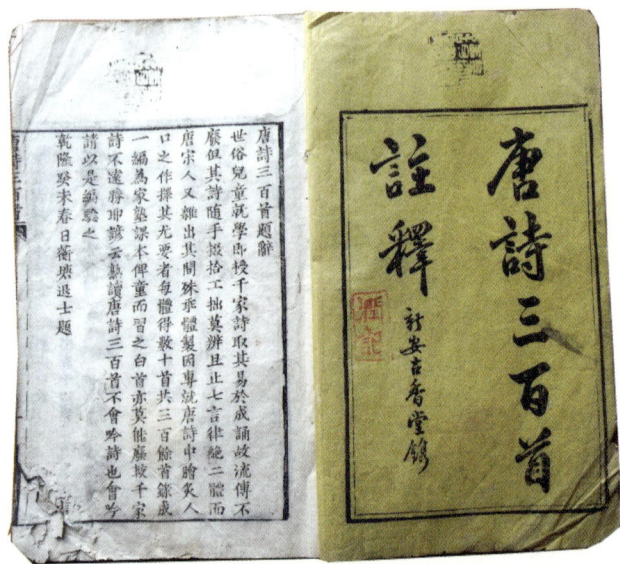

新安古香堂刻印的《唐诗三百首注释》

早在元泰定年间，沙溪名儒凌庆四建造"北园文会"，读书之余，教授子弟。凌庆四，号北园，与槐塘的唐白云（唐仲实）、郑村的郑师山（郑玉）二位硕彦来往密切，时常一起切磋学问。元末，朱元璋率兵自宣城到歙县，召集当地故老耆儒，访问民情以及咨询定夺天下的方略，凌庆四与朱升、唐仲实、姚琏、郑恒等人入见，朱元璋对他们的回答非常满意，特别是"高筑墙，广积粮，缓称王"9字方略对朱元璋一统天下不无裨益。凌庆四终身不仕，隐居乡间，学者称为"北园先生"。北园文会弦诵之声不绝，到明万历年间，凌驷、凌世韶、凌润生等人研学其间，此数人皆成为国家栋梁之材。如凌驷（1599—1645，字龙翰），明崇祯十六年（1643）进士，授兵部主事，福王监国时授监察御史，巡按河南，守归德（今河南商丘）。清兵渡黄河南下，兵临城下，为避免苍生遭无辜杀戮，与族侄凌润生共赴敌营，为民请命，不受诱惑，自缢而死。凌世韶，明代崇祯七年（1634）进士，户部主事，明亡后不仕，隐居黄山。

双凤馆，明嘉靖年间所建，至万历年间，凌子任（字肩吾）与其弟凌子俭（字仲广，号素庵）读书其中，兄弟二人互为师友。凌子任为明万历十年（1582）举人，官至广西平乐府永安知州。凌子俭，明万历十六年（1588）举人，万历三十三年（1605），署江宁府高淳县教谕，后擢云南曲靖知府，途经贵州，参与平叛，积劳致瘁，卒于军中，赠太常寺少卿。吴中王百谷先生题其门额曰"双凤"，取兄弟齐鸣之义。此外，北溪草堂、敬业书屋、临清楼等或大户人家独建，或集资兴建，均为供乡人子弟读书之处。沙溪还建有文会所、辅仁堂、文台、八仙园、蕉园等园林建筑，皆为文人学子聚会讲学、探讨学问的场所。

沙溪凌氏人才辈出，其中凌日荣一支堪称代表，其孙凌如焕、重孙凌应兰为父子进士。凌日荣，字淇生，幼年父母双亡，备历艰苦。因为家境贫寒，他不得继续攻读诗书，于是弃儒从商。他主要从事木材生意，将徽州等地的木材贩运到临安、云间（旧时松江府的别称，今上海）等地，并在叶榭镇（今属上海市）设立木材行，令次子凌起瑞负责具体事务。其重义轻财，朋友之难必竭力以帮、瘠己肥人，颇有君子之风，人皆称其为"善士"。后以孙贵，赠内阁学士兼礼部侍郎。

凌起潜，凌日荣长子，字陶友，邑庠生，郡典吏，负责衙门文书、档案、表册等案牍收取、送发、启缄、保管等事务，授陕西榆林卫经历。凌起潜很长寿，年近九十，犹精神康健。因年高德劭，具有较高的威望。

凌如焕（1681—1748），字琢成，号榆山，自小聪慧，读书用功，七岁作《弈棋赋》，工草书，善诗、古文辞，康熙五十四年（1715）高中进士，授翰林院庶吉士。康熙帝命其研习外交文书，协修三朝国史。后迁内阁学士，兼礼部侍郎。当时朝廷计划在山西大规模开垦荒地，大臣们都极为赞同，唯凌如焕提出反对意见，他说各地官员为了政绩及考核、升迁，会滥报开荒的田亩数字以邀功，而当朝廷核算之后，下派赋税时，必定会增加农民的负担，国家应体恤民情，降赋让税，让百姓安居乐业。雍正皇帝采纳了凌如焕的建议。乾隆元年（1736），迁兵部右侍郎，典试江西。后来，辽河支流浑河河水暴涨，凌如焕奉命巡视灾区。事后，他上奏曰："畿辅地近，幸得早闻，它省邮书稽迟，恐饥民不能久待，请令有司得便宜行事。"意思是说京城附近，朝廷能够及时获知信息，了解灾情，及时赈济灾民，但远离京城的地方如果发生灾情，路途迢远，等邮书送至朝廷，可能是十天半个月或数月之后，因此地方官应该见机行事，拯黎民于水火之中。乾隆四年（1739），充会试总裁。乾隆六年（1741），以养亲乞归。凌如焕陈情归里，乞养数载后，朝廷特赐御书"福"字及内府绸缎以为祝寿。其子凌应兰，乾隆二年（1737）进士，曾任江西万安知县。

另外，在歙县县城上路街至今还矗立着一座建于明万历十六年（1588）的"父子明经坊"，它为表彰凌琯一家。凌琯，字惟和，明嘉靖四十一年（1562）进士，官至陕西按察使，上疏乞归，居家不入公门，清苦犹如寒士。其子凌尧伦，隆庆四年（1570）举人，官金华同知，有其父之风。凌琯的父亲凌相，轻财好施，雅尚文学，后以子贵，赠中大夫、四川布政司参政；凌琯的祖父凌社孙以孙贵，同赠中大夫、四川布政司参政，故坊间楼板南侧刻有"三世承恩"四字。

"三更灯火五更鸡，正是男儿读书时。"沙溪凌氏以读书立人，故凌氏一门人才济济。据凌应秋于乾隆二十四年（1759）编纂的《沙溪集略》统计，凌氏有进士55人（含分迁与寄籍）；唐至明，知县以上级别的官员有123人，其中唐朝7人，宋朝43人，元朝5人，明朝68人。沙溪凌氏亦跻身古徽州的名门望族。

岑山渡程氏：欲振家声 必先读书

　　岑山渡，距歙县县城7.5公里，南面紧依渐江，岑山兀立江心，溪水环流。北为缓坡山岗，村落房屋鳞次栉比，周边的雄村、烟村、洪坑等都是古村落。境内低山丘陵蜿蜒起伏，河川溪流交织，林木葱郁。人文景观以位居江中的岑山（俗称"小南海"）星岩寺为最。星岩寺原名周流寺，建于五代吴天祐八年（911）。元代郑玉流连于此，江畔有师山钓台遗迹。清康熙四十四年（1705），康熙帝在扬州茱萸湾行宫，参与接待的程芝荄等人，进呈《岑山寺图》，求赐寺名，康熙御书"星岩寺"额及"山灵钟瑞气，溪色映祥光"楹联。

小南海

　　岑山渡以程氏为主姓。元（后）至元四年（1338），大程村程诚迁居岑山渡，为始祖，子孙繁衍。程诚为槐塘程元德曾孙，元德公三子程元三出继大程村程氏，元三生宁二，宁二生诚，因此，岑山渡程氏以槐塘程氏为宗。程诚入赘庄上方翔斋，方公无子，程诚事之如父母。元至正十七年（1357），土寇扰乱村落，有两人被盗贼捆绑在树上，索要钱财不成，将要剖腹杀害，程诚挺身而出，出钱赎回，人称义士。

　　岑山渡程氏家族聚族而居，由于人口众多，要维护家族的团结绝非易事。岑山渡程氏家族非常重视文化教育和文化建设，特别倡导族中子弟读书明理，这是家族兴旺的基础。岑山渡程氏宗祠"显承堂"仪门左侧有"观政厅"，观政厅后楼屋三楹为学堂；仪门右侧又有"思成厅"，这些都是旧时教育引导族中子弟读书奋发的场所。

　　由于程氏家族对科举教育的重视，至明代中期，岑山渡程氏出现了程材、程烈"伯侄进士"。程材（1466—1506），字良用，号岑山，明弘治九年（1496）进士，是岑山渡程氏最早以儒入仕者。程材任汀州府推官，审理案件很有经验。召试御史，直言敢谏，首疏弹劾占据高位而不作为的大臣，御史长官诫道："试御史不得言事！"程材反问道："试御史非言官耶？"程烈（1497—1536），嘉靖八年（1529）进士，授工部主事，执法不阿，声誉赫然，将授御史，以不肯谒见权要而无果。程烈曾受命驻杭州负责宫廷使用木料的采购，发现在杭州负责此事的太监拿私银交承办商，由承办商直接进山采购，充抵"官木"，逃避税费获利。程烈立即上书工部，提出对策。可见，岑山渡程氏家族不仅重视教育，而且特别重视人品培养。

　　读书不一定是为了做官，就是为农、为工、为商，或者其他有利于社会的职业，也要通过读书成为淳厚谨慎的人。岑山渡程氏家族中，相对于以文入仕而言，更多的人是跻身商业，成就了一番事业。最著名者为盐商，经数代人持续接力成为大贾巨富，留名史籍。

　　程大功（1565—1648），其祖上业盐淮北，至大功已有五代。大功富而好仁，见义必为，毫不吝啬。如重修歙县渔梁坝、岑山渡周流寺、程氏宗祠，筑护村石堤等，先后一一捐款。明末捐输饷银，助军队驻守边疆，崇祯帝赐程大功为武英殿中书。

程大典（1575—1652），大功堂弟，在扬州业盐，富而不骄，谦和自处，排难解纷乡里，时人称道。

程量入（1612—1694），程大典子，待人宽厚，精于经营，乐善不倦。时清政府要求两淮盐商代办地方税收140万两，分摊到盐商的盐税就更高，致使盐商折本，无法经营。时值政府实行"恤商裕课"政策，程量入代表众商与地方官抗争，从而退回了代办的地方税银，德义之声显著，被推为两淮总商。

程之韺（1627—?），程量入子，气势轩昂，留着长长的胡子，讲话声音犹若洪钟。为人正直，居家严整，暇时观书，史鉴尤熟。为两淮总商20年，多济人利物之实，而不博轻财好施之名。康熙十三、十四年（1674—1675），官军平三藩（云南平西王吴三桂、广东平南王尚可喜、福建靖南王耿精忠），众商捐资助饷，都由程之韺具体办理。程之韺获赐五品服。去世之日，两淮感泣载道。《两淮盐法志》《扬州府志》《江都县志》皆载其行迹于笃行传。

程渭航（1659—1726），程之韺长子，幼业儒，以父亲亡故，祖父年事已高，只得放弃读书而经营盐业。其业盐两淮，以忠信朴实为一时推重，盐政官员熟知其贤能，遇有大事必咨询他。

程湄（1661—1701），原名之缮，字伊在，号兼庵，程湜兄，康熙三十三年（1694）进士，官福建建宁府崇安县知县。程湜（1665—1710），原名之绂，字澜沚，号正斋，康熙甲戌（1694）科进士，官山东登州府黄县知县，因"雅擅才能，克宣慈惠，抚绥有要"而授文林郎，钦取吏部候补主事。

民间有"富不过三代"俗语。程量入一门不仅富过三代，其后代还出了程文正、程梦星"父子进士"。程文正（1661—1704），程之韺次子，原名渭熊，字笏山，号范村。程文正虽出身盐贾世家，却无纨绔习气。为人端正廉洁，光明磊落，不言怪力，不信天命，不问巫师，不入释道。程文正于康熙三十年（1691）考中进士，累官任工部都水司主事。曾奉使巡檄京城，满一年，依惯例有额外的收入，程文正全部拒收，大家都感叹称奇。因病假归后，在家中关起门来养病，一言一行，皆有尺度。程梦星（1679—1755），康熙五十一年（1712）进士，选庶吉士，授翰林院编修。后辞官为商业盐，并著书刻书。程梦星为清代刻书大家，有今有堂、红药栏、畅轩、来雨阁、饭松庵、清隐斋、修至亭、五觏楼、小漪南亭等堂号，总计刻书76种493卷。程梦星琴棋书画、诗词歌赋无所不能，尤工书画弹琴，肆情吟咏，以诗闻名。康熙末年至乾隆初期，程梦星主持扬州诗坛数十年，被推为一时风雅之宗。

岑山渡程氏家族不仅为官者以仁、义、礼、智、信等儒家思想为处世理念，为商者同样亦贾亦儒、文商融合，以诚信为本，以义取利，利国利民，乐善好施。程氏家族成员，富贵者笃爱手足、善遇亲族，贫乏者不屈不挠、勤奋自强。良性互动的结果就是新人辈出，事业常新。程量入、程之䜣为两淮总商之后，岑山渡程氏家族又有程增、程銮为两淮总商，有程朝宣、程玓、程易为淮北盐业总商。除7位总商外，声名显赫的盐业巨贾如程晋芳、程振箕、程嗣立、程庭、程楠、程扬宗、程钟等，各有千秋。

程晋芳（1718—1784），字鱼门，号蕺园，出身两淮盐业世家，承继家业为商，却喜读书交友，购书5万卷，招博学之士共商讨，以致门庭若市。乾隆二十八年（1763），天子南巡，应召试赋《江汉朝宗》诗四章，程晋芳拔第一，赐中书舍人。乾隆三十六年（1771）中进士，授吏部主事。乾隆三十八年（1773），为四库全书馆纂修，授翰林院编修。程晋芳也是徽派朴学的代表人物，著有《周易知旨编》《尚书今文释义》《春秋左传翼疏》等。程晋芳在文化上成就非凡，袁枚在《随园诗话》中说："鱼门太史于学无所不窥，而一生以诗为最。"

　　岑山渡程氏家族与徽州其他世家大族一样，希望族中子弟通过科举考试博得功名进入社会上层，同时也肯定人生不能以功名利禄为唯一目的。程氏家族教育家族子弟懂是非、明事理、勤耕耘、不为恶，都是值得肯定的价值取向。家风传承的核心要义是精神的传承。腹有诗书气自华，只要家族子弟肯读书，明白"修身、齐家、治国、平天下"的道理，有了"自强不息、厚德载物"的君子品格，家族就充满活力。

大阜潘氏：进德修业

　　大阜位于歙县县城东南18公里处，山环水绕，北枕船山，南屏南山，东有高峰、花坛山、鱼山；西有鹤坪、上界尖；村西苦干源、西南阜塘源、西北洪溪，三水在村头汇合。村落形如船形，主街横贯东西，街面用石板横铺，如同舱板；村东水口栽枫、松、樟树，犹如桅杆，在历史的长河中乘风破浪。

　　大阜以潘氏为主姓。约后梁乾化、贞明年间，潘逢时后裔潘瑫居寒山（今名环山，隶属黄山市徽州区），置别业于此，名曰后山坞。约北宋开宝年间，潘瑫孙潘现奉母程氏定居后山坞，生二子从龙、从凤。后在船山东建大佛庙，名村居曰大佛。约元至正中叶，潘现十一世孙自后山坞移居船山南，名村居曰大阜。后世昌盛，建有潘氏宗祠敦本堂，气势恢宏。

　　《潘文恭公遗训》是潘世恩次子潘曾莹于咸丰四年（1854）辑录而成，总述了潘世恩一生的治家之要，其中谈到读书时说：读书目的有二，即进德与修业。进德为注重品德修养，修业即学以致用。大阜潘氏一族注重文化教育，清乾隆时期有修立斋塾馆；嘉庆时期建有阜山文会，诗理堂为文人聚会之所。其家族子弟亦是声名鹊起，清代有潘奕隽、潘奕藻、潘世恩、潘世璜、潘曾莹、潘遵祁、潘祖荫、潘祖同（恩赐）、潘尚志等9名进士，另有举人23名，贡生9名。尤以迁居苏州吴县潘世恩一族最为繁盛。其中潘世恩为乾隆五十八年（1793）状元，官户部尚书；潘世恩弟弟潘世璜为乾隆六十年（1795）探花，官户部浙江司主事；潘世恩子潘曾莹为道光二十一年（1841）进士，官吏部左侍郎；潘世恩孙潘祖荫为咸丰二年（1852）探花，官工部侍郎。

大阜潘氏宗祠

潘世恩（1770—1854），原名世辅，字槐堂，号芝轩，其五世祖潘景文（字其蔚）由大阜始迁吴县（今属江苏）。乾隆四十八年（1783），平江书院肄业，改名世恩。乾隆五十八年（1793），潘世恩在殿试中考取甲榜第一名，成为状元郎，进入翰林院担任修撰。为人庄重，处事勤慎。为官清廉正直，委婉拒绝权臣和珅的拉拢。潘世恩以办事周到、低调内敛而深受嘉庆皇帝器重，先后担任侍讲学士、内阁学士、户部左侍郎、续办《四库全书》总裁、翰林院掌院学士等职。

嘉庆二十一年（1816），潘世恩守母丧期满，以其父年老，上奏要求回家供养父亲，此举惹怒了嘉庆皇帝，将其降为侍郎，准其终养。道光七年（1827），守父丧期满，累迁工部左侍郎、吏部左侍郎、都察院左都御史、礼部尚书。道光十二年（1832），奉派重修地坛望灯杆。次年，奉派重修泰陵宝城，竣工后累迁体仁阁大学士、文渊阁领阁事。道光十四年（1834），授军机大臣，受赏海淀娘娘庙官房一所，开内廷大臣得赐第圆明园先河。道光十八年（1838）十二月，得赐御书寿匾

"熙载延祺"。道光二十三年（1843），赐紫禁城乘轿。道光二十八年（1848）正月，加太子太傅。十二月，得赐御书寿匾"三朝耆硕"。

道光三十年（1850），潘世恩举荐前总督林则徐、按察使姚莹、员外郎邵懿辰、中允冯桂芬等。举荐诸人皆有真才实学，是出类拔萃的栋梁之材。潘世恩曾三任省（云南、浙江、江西）学政，四任会试主考官，七任朝考阅卷官，十任考试试差阅卷大臣，发现的人才很多。咸丰二年（1852）十二月，得赐御书"琼林人瑞"。次年，与孙潘祖荫同赴"琼林宴"（进士于考中后满60周年，重逢原科开考，由礼部奏准，与新科进士同赴恩荣宴），传为佳话。潘世恩历仕乾隆、嘉庆、道光、咸丰四朝，为官40余年。咸丰四年（1854）病逝于北京，终年86岁。咸丰帝亲临吊丧，赐谥号为文恭，入祀贤良祠。

潘世恩能诗善书，诗文敦厚温柔，著有《读史镜古编》32卷、《熙朝宰辅录》2卷、《思补斋笔记》8卷、《思补斋诗集》6卷等。书法学赵孟頫，圆润秀发，晚年落笔渐趋豪放。

潘世恩在大阜潘氏宗祠中所悬挂的"大学士"匾

潘曾沂（1792—1853），初名遵沂，字功甫，潘世恩长子。嘉庆二十一年（1816），乡试中式。道光元年（1821），到内阁中书行走。道光二年（1822），充国史馆分校。道光四年（1824），辞官回家，绝意仕进。潘曾沂喜礼佛行善，生平施衣食、赠医药、育弃婴等，不可胜纪。如道光七年（1827）捐田2500亩，建苏州丰豫义庄，专门为灾年赈济或者其他善举之用，并详定章程，悉心经理；道光九年（1829），与僧悟开、如德倡捐重修苏州城南开元寺，次第兴复；道光十年（1830），疏浚兴福塘河12里，农田得以灌溉；道光十一年（1831），江北大灾，灾民接踵而至，潘曾沂提议留养灾民，富绅纷纷响应，其独自承担4000余人的口粮，雪地里亲自押运杂粮谷物，至西园、积善等厂赈济；道光十二年（1832），米价昂贵，择城中极贫户6000余口，按期发钱于天宫寺；道光十四年（1834），捐田200亩为松鳞义庄学田，所得作为族中贫苦子弟读书的费用；道光二十二年（1842），苏州米价昂贵，采买籼米3000余石平抑米价；道光二十九年（1849）春，吴中大水，派人于丹阳、甪里、乍浦分别购得荞麦种、谷种、杂粮散发给灾民；咸丰二年（1852）春，疏浚或开凿义井四五十处，当年八月至十一月夏秋连旱，滴雨未下，苏州城每担水值百钱，居民赖以得饮。潘曾沂醉心诗文，著有《诗集》32卷、《东津馆文集》3卷、《小浮山梦志》2卷、《开元寺志》9卷、《船庵词集》《护生庵集》各1卷等。

　　潘曾莹（1808—1878），潘世恩次子，字申甫，号星斋。清道光二十一年（1841）进士，授翰林院庶吉士，后累迁功臣馆、国史馆纂修、咸安宫总裁、国子监祭酒、吏部右侍郎、工部左侍郎等职。家学渊源，尤其擅长史学。工书善画。书法初学元代的赵孟頫，晚年研习宋代的米芾，尤得米芾书法精髓。花鸟以明代徐渭、陈淳为宗师，设色淡雅，富有趣味。晚年工山水，秀美洒脱、浩渺旷远，所作扇面小景，酷似清初恽格、王翚的风格。

　　潘祖荫（1830—1890），字伯寅，号郑庵，潘世恩孙。清咸丰二年（1852）探花，授翰林院编修，累迁国史馆协修、实录馆纂修、会试同考官、侍读学士、国子监祭酒、大理寺少卿等职。后历任工部、礼部、刑部、户部右侍郎，礼部尚书、兵部尚书、工部尚书、军机大臣等职。

咸丰十年（1860），湖南举人左宗棠屡立战功，仍遭弹劾，以致召京审问，潘祖荫连上三道密折保举，左宗棠旋以四品京堂复起，随同曾国藩襄理军务，后独领一军，为同治中兴名臣。咸丰十一年（1861），潘祖荫直言进谏五条：勤圣学，选有德贤臣开展日讲旧制；求人才，有才干又有学识的人要破格录用；整军务，设经略来节制各省，凡是临阵脱逃、城池失陷的立即按律处治；裕仓储，在天津设收米局，充实国家粮库；通钱法，平抑物价，全用制钱。随后，潘祖荫又陈述了四件时务：免各省钱粮，以缓和民间饥困；淘汰零碎杂捐，以保护民力；严肃行军纪律，以拯救百姓生活；扩大乡、会试中榜名额，以笼络文人之心。这些都充分展示了潘祖荫的为官主张。

同治二年（1863），潘祖荫奏请酌减赋额，部议苏（州）松（江）太（仓）三分减一，常（州）镇（江）十分减一，得旨允行，三吴千里欢声如雷。同治九年（1870）十一月，得赐御书匾"直良功顺"。光绪六年（1880），协助惇亲王奕誴、醇亲王奕譞及翁同龢交涉中俄事务，参与解决中俄新疆纠纷。与俄国交涉定约后，提出条陈，上奏善后五事：练兵、简器、开矿、造船、筹饷。

潘祖荫秉性直爽，敢于直谏，才华横溢，锋芒外露，先后弹劾候补盐运使金安清、钦差胜保、直隶总督文煜、提督孔广顺、总兵阎丕叙等不称职的文武官员十余人，不计祸福，直声大震。潘祖荫多次参与科举人才选拔，先后参加乡试阅卷13次，会试、朝考、散馆阅卷各7次，殿试读卷4次等，提携了许多对国家有用的干才，左宗棠就是其中之一。潘祖荫才识高卓，办事干练，批阅公文，运笔如风，无不洞中利弊。后卒于任上，追赠太子太傅，谥文勤。

潘祖荫是清末著名的大收藏家，政事余暇，广事收罗，金石书画无所不好，尤喜收藏古籍善本，成为清末著名的金石、文字学家，刻书、藏书家。

潘祖荫所藏史颂鼎、盂鼎、克鼎等是稀世珍宝，辑有《海东金石录》24卷、《滂喜斋宋元本书目》1卷、《滂喜斋读书记》2卷等。

　　潘祖荫所藏大盂鼎、大克鼎二器，与毛公鼎并为"天下三宝"。潘祖荫无子，夫妇二人去世后，其弟潘祖年将二鼎等器物从北京运至苏州城南石子街家藏，且立下"谨守护持，绝不示人"家规。潘祖年子早夭，其孙潘达于肩负起保护家藏文物的重任。抗日战争爆发，为保护家藏文物，潘达于在1937年8月的一个深夜将二鼎深埋家中。日军攻陷苏州后，威逼潘家交出宝鼎。潘达于与日军周旋，日军始终不得宝鼎踪迹。1944年，潘达于将宝鼎取出安置于一旧室。1951年7月，移居上海的潘达于把大盂鼎、大克鼎捐献给上海博物馆。潘氏一门以实际行动诠释了读书的目的是为进德与修业，在提高自身道德修养的同时，努力为社会大众谋求利益，建功立业。

瞻淇汪氏：勿以善小而不为　勿以恶小而为之

瞻淇地处徽杭公路线上，距歙县县城约10公里。村西北为李玉岭山脉，毛坞峰、春坞峰延伸环抱；东面稍旷，有秀峰山为屏。大坑水自村东入西折转东南流，上坑、下坑二水自村西垂直经村汇入大坑，形成东水西流、西水东流的水系格局。村人将西南青梅山、打鼓山夹峙间设为水口，将直河道改为"之"字形河道，并筑印墩，植树建竭，以蓄财运。瞻淇形胜尤佳，古有八角古楼、九柱梅墙、岐山九老、鸣凤在竹、犀牛望日、金盆捞月、文笔峰桥、笔架紫荆、青梅竹马、秀峰翠巅等十景。

瞻淇，原名章祈。唐时章璇任新安太守，后定居城南约10公里处，以姓名村章祈。南宋嘉泰元年（1201），汪浚自歙北凤凰择居章祈大坑北岸，娶章祈江氏，生四子楫、楠、梓、杞。后人丁兴旺，遂依《诗经》中的《卫风·淇奥》诗句"瞻彼淇奥，绿竹猗猗"，依谐音改章祈为瞻淇。瞻淇重视教化，旧有私塾七八家及梅山书院、上学堂、文会乡约所等。村中的"老虎巷"，因子弟读书"虎虎生风"而得名。

瞻淇汪氏为歙南望族，清代有进士汪溥勋、汪浩然、汪泰来，其中汪溥勋与汪浩然为同胞进士，汪泰来官武英殿纂修。举人12名（解元1名，武举1名），明清贡生23名。非科举出仕27名，其中任知府、知州3名，州通判4名，总兵、守备2名，知县5名。清代汪立忠由瓯宁县丞调任台湾武陵、龙里县令，终官永宁知州；知州汪廷栋因治理陕西水利有功，获赏二品花翎；优贡生汪莱为数学家，著有《衡斋算

《祖训十条》拓本

学》《覆载通几》《三两算经》；汪芬，能诗，工篆刻；汪佩兰，工诗善画；汪永仑、汪修武、汪与图，皆有诗集行世。

瞻淇汪氏对族裔要求严格，曾刊刻《祖训十条》《祠规十条》二碑，立于总祠继述祠内（继述祠毁后，移入敦睦堂内），其中《祖训十条》中有："凡我族众有不爱其亲、不敬其长者，族房尊长宜时加训饬，以杜忤逆之渐。有不悛者，集同族开祠斥逐，永远不得入祠。""乡俗之坏莫大于淫风，乡里之害莫甚于作贼、聚赌，不肖子弟游手好闲蹈此习者，除送官严究外，邀族房长开祠逐出，虽身后不准入祠。""凡遇荒歉之岁，祠租该让若干，须会众公议。每年收清后，尤须会议，时价粜出。每当私匿，违者议罚。""勿以善小而不为，勿以恶小而为之"，瞻淇汪氏严令禁止族裔不敬尊长、盗窃赌博、损公肥私等不良行为，并明确了严厉的惩罚措施，将族众的日常行为纳入规范之中，起着引导教育的作用，收到了很好的效果，如汪镗一门即为其中的代表。

汪镗（1512—1588），初名镗孙，后改名镗，字振宗，号远峰。祖籍瞻淇，迁居浙江鄞县。汪镗自幼聪慧，师从谢迁。后得到陆瑜之孙陆文和的赏识，将女儿嫁给了他。明嘉靖十三年（1534）考中举人。嘉靖二十六年（1547），得到陈以勤的赏识，考中进士，授翰林院庶吉士。嘉靖二十八年（1549），授编修。

明嘉靖四十五年（1566），汪镗升任国子监祭酒。同年冬，擢升南京工部右侍郎。隆庆六年（1572），任南京礼部右侍郎，管国子监事，充经筵讲官。万历元年（1573），赐白金、彩币，升任礼部左侍郎兼翰林院侍读学士，回部管事，仍充经筵讲官，充《明穆宗实录》副总裁。万历五年（1577）八月，改任吏部左侍郎，掌詹事府事，教习庶吉士，兼任经筵讲官、副总裁如故。《明世宗实录》书成，升任礼部尚书兼翰林院学士，赏白金、彩币。万历六年（1578），辞官回籍。万历十六年（1588），去世，赠太子少保。

汪镗次子汪守鲁（1558—1602，字得惟），以国学生选授甘州（今甘肃张掖）都司断事，执掌刑政狱讼职权。汪守鲁前任办案拖沓，积下了许多案件，案卷堆积如山，汪守鲁到任后即日夜审读案卷，研判案情，快速而谨慎，用了一个多月就将积案全部审判完毕，百姓称颂。甘州一带百姓以放牧为生，既不耕种，也不养蚕，生活随性而无礼法，汪守鲁针对当地情况，有针对性地提出了四条措施：鼓励开垦以充实军粮，制定法令以改变习俗，惩恶扬善以端正社会风气，鼓励种植以增加百姓收入。汪守鲁的上司大为赞赏，作为法令推广。汪守鲁后任太仆寺主簿，颇多德政。

汪镗七子汪守常，署理山海关火药局事。汪守常之子汪作霖，明崇祯壬午科（1642）举人，任寿州蒙城县教谕，后升江西九江府德化县知县。瞻淇村口处原有拱形大门，其门额为"瞻淇"二字，系汪作霖于康熙五年（1666）所题；两边有楹联"玉竹三元夜，银花万树春"，记载了瞻淇元宵节嬉灯的风俗。

汪作霖长子汪溥勋，少年之时就负有才名。清顺治十四年（1657），顺治帝亲试拔为举人第一，康熙六年（1667）高中进士。汪作霖次子汪浩然，清康熙九年（1670）进士，与兄汪溥勋称为"同胞进士"，督理中南仓场，洁己奉公，著有《楚游草》《宛陵游草》等。

　　瞻淇汪氏与人为善，热心公益。如康熙年间的汪泰来（寄籍钱塘）出任潮州府知府时，缉拿海盗、查处私盐、捐助个人俸禄以济下属；潮州北门外长堤毁于山洪，募集资金重筑，亲自督工，数月堤成，百姓为纪念其功德，命名为"汪公堤"。清末汪廷栋（1830—1909），字云甫，号芸浦，别号黄海山人，同治二年（1863）入左宗棠部，后随部队进入陕西、甘肃。光绪五年（1879），委署甘肃河州知州，治理黄河及其支流湟水。光绪十二年（1886），闽浙总督杨昌浚赠匾"泽洽河湟"。光绪二十三年（1897），任陕西水利总局提调，履勘华州、华阴，新开河渠28道，疏浚旧河13道，改河1道，引水入渭，灌田1200余顷。光绪皇帝赐二品顶戴花翎，表彰其治水之功。光绪三十年（1904），测绘并印制《歙县舆图》。著有《二华开河浚渠图说》，绘有《甘肃全省地图》等。另有汪承堂独力修南源口船埠，五里牌石坎及石桥3座等。

　　年久岁远，尽管历史的风尘将耆宿的许多功绩湮没了，但瞻淇汪氏一脉传承的家风仍在续写新的篇章。

呈坎罗氏：学为日益　不学无术

　　呈坎，地处歙县西北，黄山东南麓（原为歙县辖地，现属黄山市徽州区管辖）。村庄位于山间小盆地之中，潨川河自东北而西南绕村而过，东为灵金山、丰山山脉，南有龙盘山、下结山，西为葛山、鲤王山，北有龙山、上结山。山清水秀，人文馥郁，古有八景：永兴甘泉、朱村曙色、灵金灯现、潨峰凝翠、鲤池鱼化、道院仙升、天都雪霁、山寺晓钟。呈坎集自然景观、人文景观于一体，是徽州村落人与自然相和谐的典范之一。

　　呈坎古名龙溪。唐末，罗秋隐、罗文昌堂兄弟二人举家从江西南昌府迁至歙县龙溪，遂易名呈坎。古村山川逶迤，溪流潺潺，阡陌交通，鸡犬相闻，良好的自然环境为罗氏子孙提供了耕读场所，饮则有水，耕则有田，艺则有圃，伐则有山，既满足生产生活所需，又能防御来自外族或流寇的扰乱，故子孙繁衍，人丁兴旺。

　　呈坎村自古文风兴盛，名人辈出。早在宋代，呈坎罗氏即以诗书起家，据《罗氏祖训》"勤诵读"条款载："学为日益，不学无术。圣人论学，首重时习。春诵夏弦，苦心孤诣。嘉言善状，典型在昔。玉不受琢，焉能成器？猛着祖鞭，出人头地。道德文章，功建名立。"说明罗氏家族对子孙日常学习的重视，十年寒窗，埋头苦读，日积月累，总有所获，故呈坎罗氏家族累官封侯，为名卿大夫、郎官者次第相望，是徽州科第入仕较早的宗族之一。据不完全统计，自南宋至清末，呈坎罗氏共有进士20余人，举人40余人，太学生300余人，通判、同知、知州、知府等州官 80 余人。尤以罗汝楫父子孙曾"四世进士"最为著名。南宋大儒朱熹曾赞曰："以进士发科，嗣世宦业赫赫，为歙文献称首。"

"呈坎双贤里，江南第一村。"朱熹诗中提到的"双贤"，即指宋代龙图阁大学士、吏部尚书罗汝楫及其子罗愿。

罗汝楫（1089—1158），字彦济，号湛室老人。自幼聪颖，勤奋好学，善琴棋书画，精诗词歌赋。北宋政和二年（1112），时年24岁即高中进士。始任仁和县（今杭州）知县，迁刑部员外郎、监察御史。当时，抚州（今江西省抚州市）有两人同名同姓，都叫陈四，因罪入狱，但由于审判官粗心大意，不注意辨别，将一个犯罪较轻的陈四判处死刑，酿成冤案。罗汝楫发现此事后，认为各级官吏都要引以为戒，特上奏朝廷：为避免罪犯姓名雷同，造成误判错判，主审官在审讯犯人时，要问清楚囚犯的姓名、所住何地，然后才能宣判。此建议得到了皇帝的批准。罗汝楫颇有政绩，迁殿中侍御史。被宋高宗倚为重臣，迁起居郎兼侍讲，兼权中书舍人，迁龙图阁大学士。绍兴十三年（1143）九月赐绯鱼袋（指绯衣与鱼符袋，旧时朝官的服饰。唐制五品以上佩鱼符袋，宋因之），封新安开国侯，食邑 580 户。著有《东山猥藁》20 卷、《奏议》8 卷、《外制》2 卷等。子六人：颢、吁、颉、颂、愿、顺。二人为知州、四人为通判，皆有文名，以罗颂、罗愿"郢鄂二州"尤为拔萃，朱熹有"文章不整，莫与二罗见之"之推许。

罗汝楫画像

罗愿（1136—1184），字端良，号存斋，罗汝楫第五子。自幼嗜学，7岁能诗，作《青草赋》以贺父寿。20岁荫补承务郎，做过两任临安新城税官，后监南岳庙。南宋乾道二年（1166）中进士，时年31岁。授鄱阳知县，未赴任。后任赣州通判。当时寇乱刚定，百姓困苦，罗愿为官清廉，为民解难，治内案件大为减少，百姓安居乐业。淳熙十年（1183）移守鄂州（今湖北武昌），勤政恤民。武昌地处长江边，易受洪水侵蚀，罗愿带领民众筑围堤，疏河道，灌良田。次年七月，鄂州大旱，农民求雨，罗愿与民共苦乐，也立于烈日之下，人称"罗鄂州"，终年49岁，谥为"文"。罗愿一生为官，清正廉洁，为民所颂。湖北人将罗愿的画像悬挂于灵竹寺，供士民瞻仰。

罗愿是著名的作家、史学家。重视搜集地方文献，常于公牍之余杂采诸书，访故老，记遗事。精博物之学，长于考证，文章缜密，精练高雅，有秦汉古文之风，深受南宋文坛嘉许，朱熹称赞"其文有经纬"。罗愿著作颇丰，有《尔雅翼》32卷、《鄂州小集》6卷、《新安志》10卷等传世。

罗愿虽宦游于外，但热爱故土，关心乡邦文献。鉴于新安古郡虽有梁《新安记》、唐《歙州图经》等，但由于年月久远，大都没能传承下来，只有残篇散页，遗阙而不备，遂访求旧志，追记遗事，想把它整理成书。乾道九年（1173），赵不悔任徽州知府，有意修志，便支持罗愿完成编纂。淳熙二年（1175）书成，因徽州古称新安郡，故名《新安志》。《新安志》共十卷。卷一为州郡，分沿革、分野、风俗、封建、境土等目。卷二为物产、贡赋。卷三至卷五分述所领歙县、黟县、祁门、休宁、婺源、绩溪六县，每县下分沿革、县境、镇寨、乡里等目。卷六、卷七为先达。卷八为进士题名、义民、仙释。卷九为牧守。卷十为杂录，分人事、诗话、杂艺、砚、纸、笔、定数、神异、记闻等目。《新安志》体例完备，章法严密，不设空目，取材丰富，尤详物产；叙古述今，记事记人，不发议论，让事实说话；并提出志书为著述之书，编方志要注重民生，编纂者要有渊博知识，善于选择考证资料。《新安志》在州郡志之体例、结构内容及处理州县关系等方面，均有所创新，为南宋方志中博而精的典范，并为后世所公认，成为方志编纂的样本。清人朱彝尊酷爱其书，八十高龄时还手抄一部。后人也多次翻刻。

罗颂（1133—1191），字端规，罗汝楫四子。以荫补承务郎，历任湖北帅司主管机宜文字、通判镇江府等职，后知郧州。罗颂公正廉明，既无积案，也无冤案，拥有良好的名声。罗颂文章有先秦两汉之风，深得南宋文坛赞誉。著有《狷庵集》。

罗似臣，字肖卿，罗汝楫孙，宋绍熙四年（1193）进士登第，授安庆府教授。明州鄞县（今属浙江宁波）人、南宋大臣、文学家楼钥赞美其文，富有家法；华亭（今属上海松江）人、吏部尚书张伯玹（字德象，曾任徽州知府）高度赏识。

罗楠，字武之，一名南仲，谱名楠仲，罗汝楫曾孙。绍定五年（1232）进士，任宣教郎、海盐县令。

对学习与文化的重视，是呈坎罗氏家族一贯的家风。清末，全国各地兴办新学，方兴未艾，呈坎罗氏成为徽州举办新学的先锋。光绪三十一年（1905），留日学生罗会坦、罗运松、罗运理三人倡导，在村中开明士绅的支持下，由罗运松绘图设计并主持创办了徽州第一所新制两等（初小、高小）新学——潨川两等小学堂。该学堂是当时安徽省两所新制完全两等小学之一（另一所是桐城吴汝伦所创办的小学，现为桐城一中），成为安徽省推行新制教学的先行者。

呈坎历史上科甲不断、英才辈出、人文荟萃，体现了罗氏良好的家风传承。除罗汝楫祖孙四代外，还有元代国子监祭酒罗绮，明代都察院右佥都御史罗应鹤、制墨大家罗龙文，清代朝议大夫罗宏化、奉直大夫翰林罗廷梅、扬州八怪之一罗聘等。其中，罗汝楫、罗愿、罗龙文、罗洪先、罗聘5人名载《中国名人大辞典》。

西溪汪氏：遗经教子　诗书传家

　　西溪，地处歙县县城西，民国时属歙县政达乡，与丰山乡郑村为邻。现在，西溪属歙县郑村镇，已经与郑村融为一体。这里土地平旷，山川秀美，交通便利。丰乐河由村南流向练江，村北远眺黄山诸峰若隐若现。西溪汪氏忠烈祠前有忠烈祠坊、司农卿坊、直秘阁坊，分别为纪念汪华、汪叔詹、汪若海而建。村中民居如善继堂、善述堂、务本堂、留耕堂、志诚堂、崇义堂、树滋堂、怀德堂、怡和堂、韬庐等，以及文会、文庙、社屋、三元宫、沙坝亭、里门亭、徘徊亭、三丰亭等历史建筑，不仅特色鲜明，更是彰显出西溪厚重的文化底蕴。

　　隋末，汪华起兵据歙、宣、杭、睦、婺、饶等六州，号吴王。天下大乱之际，而六州独以保全。后汪华上表，归附大唐，唐高祖嘉其忠义，授为歙州刺史，持节总管六州诸军事。汪华有八子，旧称八郎君。至宋代，歙县、黟县境内"十姓九汪"，大都为汪华后裔。唐元和年间，汪华长子汪建支派有汪思立入赘歙县唐模程氏，子孙遂居唐模。唐模汪氏后裔汪叔詹，宋崇宁五年（1106）中进士，历官至司农少卿，宋高宗绍兴二年（1132）迁居古城关。直秘阁汪若海即叔詹子。叔詹六世孙汪人鉴，元至元二十八年（1291）由古城关迁居西溪，为西溪汪氏始迁祖。

　　汪人鉴（1230—1302），字月卿，为教授，业余潜心研究诸子百家及山经、地志、岐黄医术等著作。汪人鉴为人正大光明，德才兼备，被时人称为"宣教先生"。西溪汪氏后裔崇文重教、隆师重道、慈善为本等优良家风家教传统，即始于汪人鉴。明清之际，儒学教育风盛西溪，汪氏家族考中进士的就有汪三益、汪彪、汪运钥、汪宗沂、汪春榜等人。说到西溪教育，必说不疏园，这又要从汪景晃、汪泰安父子说起。

汪景晃（1666—1761），字明若，号旭轩。22岁携带少量资金到浙江兰溪经商，朝夕辛勤，逐渐致富。为拓展事业，景晃又带领子侄到湖南等地从事长途贩运。十余年后，其家族在江苏、浙江、广东、福建等地都有产业，家业日益昌盛。汪景晃富而有义，乐善好施，以赈灾功为候选州同知。晚年回乡里居，更以赈穷济艰为乐事，里人因此饥有所食，渴有所饮，寒有所衣，幼有所教，老有所养，终有所瘗。汪景晃馈送贫者粮食衣服，开义馆延塾师，设茶水接待行旅之人，助殡葬给棺材（施棺3000余口），岁岁行之，实为不易，所费难以计数。学者江永为之立传，刘大櫆为之撰墓志。

汪泰安（1699—1761），字永宁，号磐石，景晃子。继承父业，谋划发展，事业蒸蒸日上。其父行善施舍而个人积蓄有限，汪泰安提供财源，成全其父施济一生之志。汪泰安敬慎精勤，每天忙完商务，则挑灯夜读，世人称其为"隐德君子"。为了族中子弟有更好的读书环境，汪泰安投巨资在西溪建造集别墅、园林、学馆于一体的不疏园。所谓"不疏"，取陶渊明诗"暂与田园疏"之句反其意而用之。意思是要警示族中子弟，明确读书目的，不要疏远田园和现实生活，不能只为追逐功名利禄而读书。不疏园内有六宜亭、别韵轩、拜经草堂、松溪书屋、山响泉、勤思楼、双桐得夏阴、竹北华南藏书楼、半隐阁、听雨楼、不浪舟石舫、黄山一角等十二景。不疏园藏书丰富，且延请儒硕研学探讨，一时名流云集。徽州著名学者江永、戴震、郑牧、程瑶田、金榜、汪肇龙、方矩等或讲学或诵习其中，使不疏园成为徽派朴学的摇篮与学术中心。

汪泰安筑不疏园，延请婺源学者江永讲学其中。其子汪梧凤不仅是江永的得意弟子，而且是徽派朴学兴起与发展的重要组织和推动者。汪梧凤（1725—1772），原名思问，字在湘，号松溪。汪梧凤曾从方朴山学习时文，从江永治经学，从刘大櫆学古文，可见其学识之渊博。江永是清代杰出的经学家和音韵学家，其被录入《四库全书》的著作有16种之多。从乾隆十七年到二十三年（1752—1758）前后七年，江永执馆不疏园，好学之士从四面赶来。在众多学子中，汪梧凤与本县方矩、金榜、程瑶田、汪肇龙，休宁县戴震、郑牧等最为出名，被称为"江门七子"。戴震深于经，郑牧精于史，汪梧凤熟于子，尤肆力《诗经》。江门七子中，戴震成就最大，戴震曾两度在不疏园或为学或为师，他是从不疏园升起的明星。其他如桐城刘大櫆、武进黄景仁、同县汪中等亦常聚于不疏园。在不疏园，诵习有诗书，切磋有师友，不疏园顺理成章地成为徽派朴学发祥地。汪梧凤著有《诗学汝为》26卷、《楚辞音义》3卷、《松溪文集》等。为戴震刻《经考》《屈原赋注》等。梧凤子汪灼，字渔村，性耽书籍，能承父业，著有《诗经言志》26卷、《毛诗周韵诵法》10卷等。

徽派朴学，由歙县黄生开其端，婺源江永奠其基，休宁戴震集其大成，是当时全国著名的学派。西溪不疏园当然在中国文化史上留下厚重的一页。清末，

黄宾虹先生题赞不疏园

西溪又出现了一位有影响的学者汪宗沂，被称为"江南大儒"。汪宗沂（1837—1906），初名恩沂，字仲伊，号咏村，晚号韬庐。汪宗沂家学渊源，儒家功底深厚，先求学于槐塘程可山，又受经学于临川李联琇，受汉学于仪征刘文淇，受宋学于桐城方宗诚，九流百家之学，广泛涉猎，然所归仍在经学。两江总督曾国藩见其文，评其"学有心得"，于是留他在忠义局学习。光绪二年（1876），汪宗沂乡试中举，六年（1880）登进士第，以知县用，因病未赴任。光绪九年（1883）为直隶总督李鸿章幕僚。后主讲安庆敬敷书院、芜湖中江书院、徽州紫阳书院等。又在家中开经馆授徒，黄宾虹、许承尧等均出其门下。著有《诗说》《诗经读本》《周易学统》《尚书合订》《三表说》《杂病论辑逸》《伤寒杂病论合编》《逸礼大义论》《五声音韵论》《三家兵法》《黄庭经注》《隶谱》《剑谱》《律谱》《尺谱》《诗略》《黄海前游集》《管乐元音谱》《旋宫四十九调谱》《金元十五调南北曲谱》等。

汪宗沂长子汪福熙曾手书对联："读有用书，行无愧事。"近代，西溪汪氏家族审时度势，创办新学，培养出一批适应社会变革需要的人才。如画家汪采白、医学家汪民视、科学家汪人定等。西溪汪氏诗书传家的良好家风得到继承和发扬。

岔口吴氏：
静修身 俭养廉 气骨清 正方圆

    岔口村位于歙县旱南大洲源，距歙县县城约44公里。村落四周皆山，西有坝岭，南有繁实凹岭，北有江村岭，前有龙门尖。地处大源河与小源河两河汇合之处，山川于此地分岔，故名岔口，又名"双溪"。两河合流后，西行出大川口，入新安江。四山拱卫，山环水绕。村旧有八景：梯云夜读、虎阜涛声、龙门积雪、长潭观鱼、云碓夜舂、金滩碎月、飞桥卧波、前溪柳色，文人多有题咏。

    最先入住岔口的是郑姓，昌溪吴姓于明末迁入，北岸吴姓于清初迁入。但后来者居上，吴氏人口多、财力雄厚，先后建有四座祠堂，分别为光裕堂、积善堂、彝叙堂、祥和堂。

    岔口是大洲源的商业中心，清末民国时期有杂货店10余家、肉店3家、豆腐店6家、药店7家、饭店1家，人来客往，物流发达。盛产茶叶，村中有茶号6家，每年收集村中及附近茶叶，运往上海，销往欧美等国。茶商中以吴俊德（1873—1934，名永柏，又名荣寿）名气最大，吴俊德于清光绪二十七年（1901）承继父业，设怡和茶号于屯溪阳湖外边溪，后又陆续开设怡春、永源、华胜、公兴等茶号，多时达18家，茶工千余人。吴俊德曾先后任六邑同业茶务总会会长、休宁县商会会长等职。

    岔口吴氏重视文教，清中期以来，有吴濚等举人数人，岁贡、廪生、生员10余人，武秀才亦有数人。岔口吴氏虽无高官显宦，但尊奉"静修身，俭养廉；气骨清，正方圆"的家风，僻居山野，耕读传家，以吴滦、吴柳山、吴枌父子三人为代表，时称"父子三贤"。

吴滦（1720—？），名宏滦，字瀚甫，号兢斋。乾隆三十三年（1768）戊子科举人，乾隆四十五年（1780）庚子科进士，敕授翰林院典簿。吴滦的科场之路充满了艰辛与曲折，其考中举人后，屡次参加会试，均未能及第。年近花甲的他，仍壮心不已，曾立下誓言："科场百战何时已，不入翰林终不休！"此事为主试官得知，甚为感动，就具奏朝廷。据说乾隆皇帝亲自接见了他，并与之交谈，乾隆甚为满意，为勉励其花甲之岁仍坚持科举考试，即下圣谕，恩赐翰林，被乡人传为美谈。著有《读集遗清隐诸篇乃我知》。当然，吴滦一生主要时间是在歙南一带当私塾先生，除了在岔口设馆授徒外，还曾应王茂荫曾祖父王静远先生之请，前往杞梓里任教。私塾，亦称蒙童馆，先生大多为秀才，深谙于八股文。学生一般在13岁以上。一个蒙童馆中，多者20余人，少者数人。所读书有深浅之分，浅者为《三字经》《千字文》《百家姓》，深者为《幼学琼林》《龙文鞭影》《论语》《孟子》等书。教师对学生甚严，学生见老师就像老鼠见到猫一样。老师在的时候，端坐于位，不敢做声。如果学生有书背不熟、对老师不恭敬或互相争吵打闹等违规行为，老师则予以责罚。学生每日课程较为简单：早餐之前，入学背诵旧书，名曰"上早学"。早饭后，塾师即为学生上新书十数行，名曰"上生书"。生书须于午饭前背诵，背不下来的则不许回家吃午饭。饭后，学生练习写毛笔字。下午三点，塾师教学生答对子，答对毕，又温习旧书，名曰"念带书"，须丁晚饭前背诵。学生一日课程大略如此，周而复始，单调而枯燥。

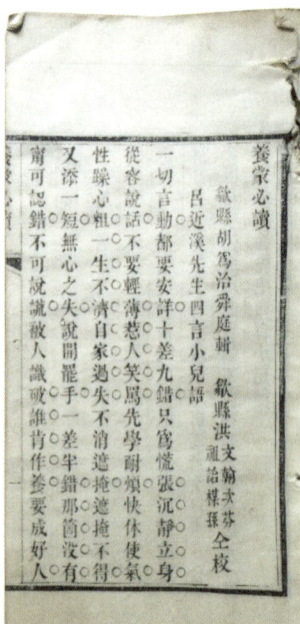

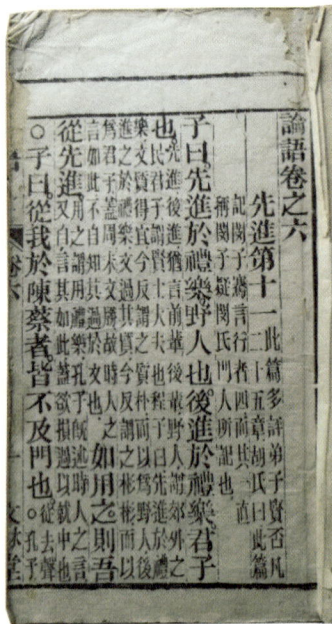

私塾课本《养蒙必读》《论语》

吴瀼育有6个儿子：永杼（槚）、永棹、永杭、永梅（枌）、永杲、永梧。其中长子吴槚、四子吴枌均为当地名师。

吴槚（1748—1820），名永杼，字纬持，号柳山。乾隆四十二年（1777）丁酉科江南解元，主试官为刘墉（1719—1804，字崇如，号石庵，清代政治家）。吴槚中解元后，时权臣和珅为乾隆皇帝宠信的重臣，势倾朝野，闻吴槚才名，就想将其纳入门下，以壮大自己阵容的声势。但吴槚为人正直，知道刘墉与和珅之间不和睦，明争暗斗，因其与刘墉之间有知遇之恩，且不满官场尔虞我诈、趋炎附势之恶习，不计功名利禄，不肯依附和珅，婉言谢绝。从当时形势看，要继续着意于科场仕途，不无障碍，故吴槚果断放弃会试，回到老家岔口设教于梯云书屋，过着平淡的生活。著有《鄣山游记》。

约在嘉庆十五年（1810）至嘉庆十七年（1812），杞梓里的王茂荫曾在吴槚执教的梯云书屋就读。据王茂荫子王铭诏、王铭慎所撰的

《子怀府君行状》所述："舞勺后，从双溪吴柳山先生游。先生为乾隆丁酉科江南解首，故名宿也，门下多积学之士。府君相与观摩，益自刻励，挑灯攻读，必至三更方寝，昧爽即披衣起而默诵，溽暑严寒无少间，由是学业大进。"可见，吴橒在当时具有较高的声望，王茂荫在其精心教导下，学业进步很快，并于道光十二年（1832）高中进士，不久被清廷授予户部主事，升任员外郎，后官至户部右侍郎兼管钱法堂事务。

吴枌（1759—?），吴滩第四子，名永梅，字素芬，号菊君。为吴柳山先生之弟。吴枌曾留寓京城十余年，一边研习学问，一边准备科考。但科场之路充满了坎坷，直至嘉庆十五年（1810），吴枌亦未能蟾宫折桂，只得回归故里，执教于梯云书屋。在岔口期间，吴枌一边授生徒，一边继续准备科举，直到道光二年（1822）64岁时才考中举人。吴枌著有《梯云书屋试帖》一书传世。

梯云书屋约创建于乾隆初年，位于岔口村西村口处。梯云书屋虽僻居深山，但因有名儒吴滩、吴柳山、吴枌父子三人先后执教，故为歙县当时有名的私塾之一，影响很大。除王茂荫外，先后求教于此的还有歙县的程祖洛（1776—1848），字问源，号梓庭，歙县县城荷池人，嘉庆四年（1799）进士，先后任刑部员外郎、江西按察使、湖南布政使、山东布政使、陕西巡抚、闽浙总督等职；许球，字玉叔，徽州府府城人，道光三年（1823）进士，先后任河南监察御史、兵科给事中。此外，梯云书屋亦为歙南一带培养了许多如吴俊德这样的农商子弟。惜梯云书屋毁于太平天国战乱之中。民国初年，吴氏后人吴景超曾有记载："梯云草堂，今已焚毁。然荒烟蔓草间，犹令人想见当日情景，每当风和日暖、鸟语花香之际，携书至其地，据磐石读之，令人抑郁之思不扫而自去。"

民国初年，岔口村仍有私塾（蒙童馆）3家。另有一座新式小学，创办于民国元年（1912），名"大洲两等学校"，有教职员3人，学生

20余人。开设的科目有国文、习字、算术、修身、历史、地理、理科、体操、音乐、图画等。村中旧有私人藏书所数处，分别为梯云草堂、双溪草堂、山对旧书斋、霞峰别墅、自得山庄、能静轩、龙门草堂。这些藏书所不仅藏有传统古籍，还有名家小说、欧美小说等。可见，岔口吴氏注重读书、修养身心、淡泊自适的家风传承了数百年。

西溪南吴氏：
笃志虚心　敦学立品　孝友和爱

　　西溪南地处歙西，丰乐河南岸，曾名丰南（原为歙县辖地，现属黄山市徽州区管辖）。西倚金竺山，北临丰乐水，土地平阔，水土丰茂，风景秀丽。西溪南村有八景：祖祠乔木、梅溪草堂、南山翠屏、东畴绿绕、清溪涵月、西陇藏云、竹坞凤鸣、山源春涨。上海博物馆藏有清代大画僧石涛作的《溪南八景》图册，上题明人祝枝山诗，"庞公宅畔甫田多，畎亩春深水气和。五两细风摇翠练，一犁甘雨展青罗。鱼鳞隐伏轻围径，燕尾逶迤不作波。最喜经锄多有获，丰年宁愧伐檀歌。"这首《东畴绿绕》将西溪南的农耕生活描绘得如诗如画。

　　西溪南建村已有1200多年，唐懿宗咸通元年（860），吴光自休宁凤凰山迁居西溪南村，后世繁衍昌盛。吴氏恪守儒家治家经典，吴氏祖训有"笃志虚心，敦学立品，孝友和爱"的内容；新安吴氏《家范十条》中亦有类似的内容："子弟辈志在国家者，固当奋志向上，自强不息。其不能者，或于四民之事，各治一业，鸡鸣而起，孜孜为善，励陶侃运甓之志，作祖逖起舞之勇，必求其事之成、艺之精，然后可。"西溪南吴氏因崇儒重教，儒贾互济，仕宦名流接踵，有进士25人，其中吴孔嘉为探花，举人40人，朝廷为官者82人，其中吴椿官至户部尚书，吴士奇官至布政使，吴应明、吴名馨入祀当地名宦祠。文风浓厚，吴勉学的"师古斋"为明后期全国最著名的书坊之一；吴养春的泊如斋、吴琯的西爽堂，皆为闻名当世的刻书堂号。

　　吴勉学，字肖愚，号师古，是活跃在明代隆庆、万历年间徽州最大的刻书家。吴勉学的祖上世代为商，家中富有收藏。吴勉学因自幼十分喜爱读书，建了一个专门藏书和刻书的书坊——师古斋，史称其"博学多识，家富藏书"。他生平最喜搜集庋藏典籍，凭借雄厚的家产和丰富的藏书，他以"师古斋"的名义刻印了大量的书籍，仅刻资费就达10余万两。吴勉学把毕生的精力都用在整理古籍、编校刻书事业上，师古斋书坊以规模大、分工细、雕刻精而著称。据统计，吴勉学一生刊刻的书籍达300余种，所刻图书内容广泛，涉及经史子集、丛书、类书等，且校勘精审，刻工讲究，为一时之冠。其博学好古，著有《对类考注》《师古斋汇聚简便单方》等。

　　明代中期以后，刻印书籍的书坊十分繁盛，这些私人的书坊所刻之书业界称之为"坊刻"。当时，坊刻虽然兴盛，但质量参差不齐，有的书坊为了追求利润而不惜粗制滥造，肆意剜改，因而常被文人诟病。我国中医著作浩如烟海，吴勉学发现历代刊刻的医籍有较多的讹舛，为避免遗祸后世，吴勉学决心将这些医书"订正而重梓之"。为此他花了大量的精力去搜集、考证，并于明万历二十九年（1601）刻印了一部大型医学丛书《古今医统正脉全书》（又名《医统正脉》），该书为明代王肯堂（字宇泰，别号损庵，今江苏金坛人）辑录，时间跨度大，内容广博，上始《黄帝内经》以及历代医家著作，如汉代的张机，唐代的王冰，金代的成无己、刘完素、张从正、李杲，元代的王好古、朱震亨、齐德之，明代的戴元礼、陶节庵等人的重要医著共44种204卷。包括《素问》《灵枢》《脉经》《难经》《金匮要略》《伤寒论》《脉诀》《素问玄机原病式》《宣明论方》《局方发挥》《兰室秘藏》《丹溪心法》《金匮钩玄》《伤寒琐言》等，为较早汇刻的医学丛书，至今仍被列为中华十大医学丛书。吴勉学在该书的序言中说："医有统有脉，得其正脉而后可以接医家之统。"可见，他在刻书时十分讲究书籍的正统，因而被人们称赞。吴勉学所刊刻的医书校勘精审，刻工讲究，被人称作"吴本"，闻名于世。

此外，明万历年间，吴勉学广泛搜集古本，将先秦时期诸子百家著作汇为一编，命名为《二十子》，并延请歙县著名的校勘大家黄之宷校勘该丛书。黄之宷校勘严谨，一丝不苟，为人所称道。该丛书有221卷，用安徽所产的竹纸刷印，纸色略黄，墨色浓郁，字体则采用明万历时期形成的方体字。这种方体字也是徽州刻工首创，清代以后字体变得更为方正，这便是所谓的"宋体字"，一直沿用至今，成为印刷品的通行字体。这部《二十子》充满了诸子的智慧，也流传下来一些不朽的名篇，是中华文化的智慧宝库。其中《庄子》被人称为不下宋版的善本，该书每卷的卷端题写书名，卷下镌刻"明新安吴勉学校"字样。

吴勉学在追求刻书质量的同时，他还联合其他的徽州书商共同刻书销售。他在刻书时，或是自己出资，请他人校勘；或是自己校勘，请其他书商代为刻印；或是联合其他书坊主共同经营，他曾联合了同族的刻书名家吴养春和吴琯等人。这样，不仅增强了自身校勘刻印的力量，同时还缩短了刻印周期，获得一定的经济效益。

吴勉学去世后，其儿子吴中珩继承父业，继续刻印书籍，成为明末清初有名的刻书大家。其刻坊师古斋至清康熙间仍在刻书，如康熙间刻赵吉士纂《徽州府志》18卷、《寄园寄所寄》12卷等。吴中珩主要刻书作品有：在明万历间先后刻刘宋时期刘义庆撰、梁刘孝标注《世说新语》6卷，《资治通鉴》294卷，唐释道宣撰《广弘明集》30卷，宋朱熹、吕祖谦编，叶采集解《分类经进近思录集解》14卷，南朝宋范晔撰、唐章怀太子注《后汉书》120卷，汉司马迁撰《史记》130卷，增订明吴琯辑《增订古今逸史》55种223卷，元王好古撰《汤液本草》3卷等62种820卷，加上入清后师古斋有据可查的2种30卷，计64种850卷。吴中珩还参与吴桂宇文枢堂刻明冯惟讷辑《诗纪》（又称《古诗纪》）11种156卷、《目录》36卷等。吴氏父子刻书总数超过400种，逾4700余卷。师古斋刻本大多注明"新安吴勉学校刊"。因不惜工本等原因，师古斋后因经营不善而歇业，其大量的刻板主要被黄之寀买去。

吴养春（？—1626），字伯昌，号弘甫，是徽州刻书家的代表。吴养春出生于业盐世家，拥有黄山山场2400亩，家资富厚，广交名士，博藏钟鼎文物。泊如斋，为其收藏及刻书堂号，为万历间徽州著名的刻书堂号。泊如斋刻书名著多，如万历十六年（1588）刻宋王黼等撰，明丁云鹏、吴左干绘图的《泊如斋重修宣和博古图》30卷；万历十八年（1590）刻明吕坤著《闺范》（别名《闺范图说》《古今女范》）6卷；又刻明江旭奇编辑、吴养春校阅《朱翼》等。万历间吴养春与吴勉学合刻宋朱熹撰《朱子大全集》（又名《朱紫阳全书》）60种112卷。泊如斋所印书精美绝伦，广受收藏者欢迎，往往一版再版。如《闺范》，插图堪称徽派版画中的代表，由黄应瑞（伯符）、黄应淳等诸高手上版，并采用套版双印法印刷。

西溪南富商云集，且乐善好施，孝友和爱。明万历年间，皇宫皇极、中极、建极三殿遭灾重建，国库困难，吴养春等上疏捐输白银30万两，万历皇帝很高兴，特赐吴守礼为征仕郎光禄署正，吴时佐为中书舍人，吴养春、吴养京、吴养都、吴继志、吴希元也同时被授中书舍人殊荣。

除了捐输报效朝廷之外，更多的是建宗祠、恤孤贫、睦宗族、赈灾荒、兴水利、筑桥路等。如吴应昌于元初盗寇盛行之时，与乡人避乱山中，众人主要依靠他的接济才得以存活下来；吴荣让年少之时，父亲就去世了，他对母亲非常孝顺，而且将高祖、曾祖以下及亲戚无主者19棺择地埋葬，并置义田、义塾，立孝子坊；吴希元倡建至德祠；明崇祯十四年（1641）发生饥荒，吴蒩与叔父吴震吉倡捐粮食，煮粥赈济，使数千人得以存活；清乾隆三年（1738），吴邦佩、吴邦伟兄弟与叔祖吴禧祖以及叔父吴之骏、吴之骞共出资一万数千金，在湾沚买田千余亩，将租谷所入用于赈济家族中的贫困者；乾隆十七年（1752）大饥荒，吴镰捐银赡养家族中的贫困者前后达三个月，有亲戚

朋友或路人、仆人告知家中揭不开锅，他皆给予帮助，其乐善好施的
名声著于乡里。

西溪南老屋阁

西溪南曾是徽州最富庶的村落之一，西溪南吴氏在明清鼎盛时期，
商业遍布扬州、南京、杭州及沿淮一带，以盐业为主，兼营茶叶、木
材、典当、珠宝、丝绸等行业，儒贾互济，享誉天下。其家族恪守和
传承"笃志虚心，敦学立品，孝友和爱"的家风，故其儒风习习，家
族和睦，堪称表率。

潭渡黄氏：乡贤励学续华章

.

　　潭渡距歙县县城3公里，远望黄山隐见，近观丘陵起伏。村南临近丰溪河畔，东峙飞布、高嵋山，西亘金竺、天马山，北有斜山、凤山。潭渡土壤肥沃，山川秀丽，境内有中洲散牧、斜山踏雪、潭湖钓月、后坞听泉、土岭耕云、练水拖篮等诸景，令人陶醉。潭渡文化积淀深厚，历史遗存丰富，2019年被列入第五批中国传统村落名录。

　　黄姓以黄帝后裔陆终为肇姓祖。晋江夏安陆源口有黄积者，为考功员外郎，从元帝渡江，任新安太守，卒葬姚家墩。其子守墓，于是安家于此，后世子孙繁衍，更名黄墩。后世尊黄积为新安黄氏一世祖。唐神龙年间，黄积后裔黄璋迁郡西九里黄屯（今黄潭源），约唐贞元年间，其孙黄光卒葬潭渡，曾孙黄芮自黄屯"北渡潭阴卜兆庐墓"，其子孙多居潭渡，衍为大族。潭渡黄氏尊黄璋为一世祖，黄芮为四世祖。

　　人生天地间，百善孝为先。黄芮以孝行显名，名登《旧唐书》《大明一统志》。后世子孙耕读传家，不追求虚名，即便是耕田种地，亦能淡然处之，泰然自若。族谱载有诗云："细雨如酥候早耕，犁边冉冉垄云生。家风久惯同沮溺，何处能来宠辱惊。"潭渡第一位进士黄华，拜内阁首辅商辂为师，从商辂读《尚书》，得其赏识。黄华，成化十七年（1481）进士，授江西金溪县令，商辂为其作《赠黄进士出宰金溪序》。后来，黄华历官至兵部武选司郎中，升为福建布政司参议。黄华为官20余年，阅历多而通达人情世故，清廉慎行，汲取前人失足之戒，深得马钧阳、刘华容器重。明正德二年（1507），刘瑾擅权，颠倒黑白，黄华上疏乞退。回乡后，家居构"后乐轩"，筑"黄山楼"藏书，寓情其间，掇拾遗文，表扬先美，启迪后进，对潭渡社会风气产生较大影响。黄华之后，潭渡有黄训、黄如瑾、黄斐然、黄承吉、黄克业、黄崇惺等人考中进士。

黄训（1490—1541），字尹言，号鉴塘，更字学古，号黄潭，为黄华门生弟子。明嘉靖八年（1529）进士，授嘉兴知县。黄训主张以教化为先，处罚则其次，民俗渐向淳朴。先是土豪官宦多田产，而将其税分摊于民，民众不堪重负而多逃离此地。黄训不畏豪强，责课税一以法，而流亡的民众亦逐渐回归。他还放置一张大鼓在监狱中，凡有冤情或因未完赋税而被久关在监狱的人，允许击鼓喊冤，为自己辩护，从而下情上达。旧制，府县各有预备仓储谷以待荒年，时间长了这个制度也不能得到很好的执行，黄训取赎罪钱重建仓储并积存稻谷，粮食出产不足的年份，老百姓也没有挨饿的。其他兴利除弊诸善政多类此。嘉靖二十年（1541），升任湖广按察使，舟至东昌安平镇，因病卒于赴任途中。黄训博雅通古，才名当世。胡宗宪称黄训文章"蕴而为道德，发而为经济，以适于今之用，盖信乎其载道之文而可传且久矣"。胡富以为黄训"昌黎（韩愈）复出"。黄训著有《读书一得》《黄潭文集》《大学衍义肤见》等，辑有《皇明名臣经济录》。

潭渡黄氏族中有黄祚，小时聪慧过人，善于记诵，少年之时在宜州经商，因母亲亡故而回家。居家发愤苦读，从黄训学《尚书》。黄训为黄祚侄子，黄祚折辈师事之。明嘉靖元年（1522），福建郑玉任徽州知府，重修紫阳书院，请黄祚至书院讲授《尚书》。黄祚所述《尚书》大意备忘，郡教授刊刻成册，以作教程。黄祚编纂有《史鉴会要》64卷、《通鉴外纪》5卷、《述性理便览》18卷、《读易抄》3卷、《春秋传略》2卷、《四书备忘》14卷、《蛟峰文集》4卷。

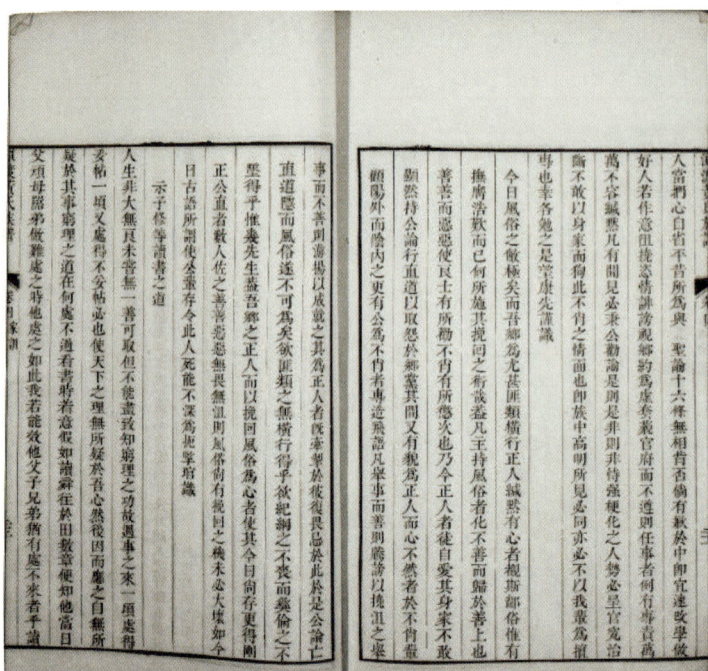

清雍正《潭渡黄氏族谱》所载《家训》

　　黄华还有一位得意门生名黄玺，字邦信，号东园。小时候在村中私塾每天背诵数百句，对句常出人意料，黄华为之惊异，劝其从经师学习。黄玺进入郡学，考试屡得高等评级，享有盛誉，但科举不利。黄华又劝其援例入南京国子监，以积分叙上舍，历事都察院注选。归省更加专注于学习。适黄华归居林下，日与上下论讲今古，造诣日深。嘉靖元年（1522），选为陈州判官。属县宁陵县城池倒塌，强盗时来侵扰，百姓苦不堪言。黄玺建议修筑，身任其役，昼夜董工，民感公义，毕工无告劳。没多久，知州改任，遇到灾荒，请于上司，以得便宜行事权，遂作主打开粮仓赈济灾民，又捐个人薪俸，民赖以安，当道有"廉谨循良"之奖。新知州到任，历观黄玺施政，深加叹服。嘉靖六年（1527），为户部兑粮于临清，终岁纷扰烦忙，不避劳苦。次年，以考绩最升新蔡知县。讲求百姓疾苦，尽心抚字，民大称颂。以母老致仕归省。

黄华后裔黄修溥，曾购书数万卷藏于黄山楼，供人研学。修溥孙黄承吉（1771—1842），初名萼棣，字谦牧，号春谷，为清嘉庆三年（1798）乡试解元，十年（1805）进士。黄承吉任岑溪知县时为同僚嫉恨，以文书过境失落未能立即寻获，遭到弹劾而被罢官。遂笃志研讨汉儒之学，得其精微。通历算，能辨中西异同之处。善承家学，深研六书，工诗古文，不屑世俗。注释族祖黄生《字诂》《义府》，撰《字诂提要》《义府提要》，考证精通，与方以智《通雅》相伯仲。黄承吉与扬州学派江藩、焦循、李锐友善，每天以经义相互切磋，世称"江焦黄李四友"。著有《梦陔草堂文集》《梦陔草堂诗集》等，仁和谭献赞其学问为"近代之冠"。

黄生（1622—1696），谱名景珆，学名起溟，字扶孟、房孟，号白山、冷翁，别号莲花外史。黄生开乾嘉朴学先河，为清代徽派朴学开山祖。黄生诗笔气势雄伟，昌言无忌，质朴近杜甫，高者有汉魏韵致，其诗可考证当时遗事甚多。工书，得晋人之精髓。兼工篆刻，精绘事。所著《一木堂集·诗稿》，乾隆中期遭禁毁。所评辑诸书多散佚，仅存《杜诗说》《字诂》《义府》，赖戴震访求，列入四库全书。父家俨，好读书，喜雅静高洁，倡同志结社赋诗，引导扶植后进。子黄吕，幼承家学，工诗文，精绘事。雍正年间，潭渡修族谱，黄吕总其事，以余力著《潭滨杂志》。人称其画、诗、书、印作品皆美。

据潭渡族谱族规所言，潭渡黄氏治家以"至诚无伪、至公无私"为原则，强调"谨守礼法，为人榜样"，同时注意教育方法，"不可过刚，不可过柔，但须平恕容忍，视一家如一身"。士农工商，四民所业不同，皆是本职。惰则废，勤而修。如潭渡书画名扬天下，被誉为画家摇篮，明代以来，以书画传世者近30人。黄宾虹说："潭渡自明以来，书画名家均在江浙以上，惜后世提倡之者无人，可叹可叹！"其实从另外的角度看，这种显名而不张扬的风格，正是潭渡黄氏家族的优点。

棠樾鲍氏：孝以锡类　百行之原

　　棠樾位于歙县郑村镇，是千年古村落，中国历史文化名村之一，有全国规模最大的牌坊群，为5A级旅游景区。棠樾鲍氏，孝悌传家，历千年而不衰。

　　晋太康年间，鲍伸任护军中尉，镇守新安。东晋咸和年间，其子鲍弘为新安太守，于是子孙定居徽州府府城西门。至北宋大中祥符年间，鲍荣在棠樾营建书院别墅，讲学其中。鲍荣曾孙鲍居美（1130—1208），聪明机敏而善断，以为棠樾"山川之胜，原田之宽，足以立子孙百世"，遂定居棠樾。南宋后期，棠樾鲍氏不仅本族多名士，与诗人汪仪凤、进士汪应元、丞相程元凤皆为亲戚，皆显著于时。宋咸淳丁卯年（1267），棠樾鲍寿孙中江东漕解第一，时年18岁。

棠樾牌坊群

鲍宗岩（1223—1293），字傅叔，号熙堂。鲍宗岩年轻时就很有名声，府县官员举办乡饮酒宴都要请鲍宗岩参加。鲍宗岩母亲性格直率，对人很严厉，但鲍宗岩能够理解母亲，处处为母亲着想，有他在母亲身边侍候，母亲就感到心情舒畅。鲍宗岩弟弟鲍庆云在外就职，家里的事都是鲍宗岩一人承担，兄弟分家时，家里的所有财产却是兄弟两人平均分配。鲍宗岩妻吴满，出生在富贵人家却无娇气，每年育蚕几百匾，鸡鸣而起，背着竹篮到桑田里采蚕叶，亲自喂蚕，到天晚才吃饭，习以为常。鲍寿孙在如此良好的家庭环境里生活，没有养成傲慢习气，学习不懈怠，所以能成为德行高且学问深的人。

鲍寿孙（1250—1309），字子寿，号云松，鲍宗岩之子。据康熙年间《重编歙邑棠樾鲍氏三族宗谱》中记载：南宋景炎元年（1276），郡城守将李世达起兵抵御元军，后兵败西北乡，各地强盗趁机而起，到处抢劫杀人，掳掠乡村。一天一群强盗来到棠樾村，将鲍寿孙父子抓获。强盗将他们父子带到强盗头子前，准备杀了他们中的一个，让他们自己选择。鲍寿孙说："我父亲年纪已经大了，我愿意代替他去死。"鲍宗岩则说："我只有这么一个儿子，还需要他传宗接代，请不要杀他，我愿意去死。"父子二人争执不下，强盗头子也难以抉择。恰这时，大风忽起，林木呼啸；又有人来报，官军的骑兵来了。强盗们惊慌失措，四散逃跑，父子二人得以保全性命。入元以后，鲍寿孙曾为杭州许村盐场管理员，后为徽州儒学教授，为元代徽州教育发展做出贡献。百善孝为先，元朝丞相脱脱编修宋史，其《孝义传》内便收录了棠樾鲍氏"父子争死"故事。

鲍周（1271—1352），鲍寿孙长子，敦善行孝，好学不倦，工五七言诗，兼通佛教和道教典籍。鲍周被举荐担任歙县教谕，施训必以孝悌忠信为本。其行事乐善好义，与人处不计较得失，乡里有贫乏者救济不厌。母亲吴氏患风症，辞职居家侍奉汤药。

鲍同仁（1292—1374），鲍周长子，面容清瘦和悦，富有志操，读书博学。元泰定元年（1324），举试翰林，授全州蒙古学正，任巢县主簿，升泰宁县尹，其为政，守法循理，深受百姓欢迎。至正九年（1349）恩准归乡，筑室娱亲。居家经常施舍医药给穷苦患者，为人治病无厌倦色。曾将自家西南边的田地让出，用于打井，方便乡民取水，并在井上建"令泉亭"，为用水者遮风挡雨。

鲍深（1311—1378），鲍同仁长子，自少读书博学，16岁时因父亲鲍同仁出仕，家里的事都由他主管。家务细小而繁多，但他却能妥当处理，而且不忘学习。跟从大儒郑玉游学，相互探讨研究孔孟之学，一时名流如朱升、唐仲实、赵汸、胡石邱、张子经等大儒皆以益友相切磋。鲍深教族中子弟读书，立社仓救济村中贫乏者，力行善事不怠，晚年以文学老成为师山书院山长。

鲍元康（1309—1352），字仲安，亦拜郑玉为师，得闻正学，尤尽心于《易》。其父鲍鲁卿（1281—1335），鲍寿孙次子，郑玉友，嗜书手不释卷，旁通天文地理，曾任歙县教谕，平生善行多不胜数。鲁卿尤精算法，又善测地利，能够预先判断田地环境、肥瘠的变化，做到人弃他取。因此晚年所置田园大幅增多，仓库更加丰裕，但生活始终俭朴。鲍元康继承并发扬父亲的优良作风，被人称为"卫道士"。郑玉隐居师山授徒，教舍拥挤，鲍元康出资并率同门弟子因其地建院舍，为郑玉讲学提供便利。其他如遣嫁孤女，收养孤子，设立社仓，赎回婺源文公祠祭田等，济人利物事不可一一列举。元末兵起，鲍元康为保卫乡邻，起义兵出入山谷，因积劳成疾而卒。鲍元康祖居，翰林侍讲学士豫章揭傒斯书匾曰"慈孝堂"。

鲍宗岩弟弟鲍庆云（1231—1293），字泽叔，号西畴，少明敏善读书，因跟随舅舅汪应元宦游在外，与贤达士大夫交往，学问逾进，善行为时所仰。他创建的西畴书院由鲍寿孙主持，曹泾、方回等名儒主讲其中。鲍庆云后裔同样以父子争死故事为荣，其支派出了著名的孝子鲍灿、鲍逢昌，为他们树的牌坊至今仍然屹立在村中。

　　鲍象贤（1496—1568），字复之，号思庵，以进士授四川道监察御史，沉毅有节，质直无私，才望日起。遭诬陷，贬谪为湖广兵备佥事，部署江防，盗贼屏息。迁云南按察副使，备兵临安府（治今云南建水），又为陕西兵备副使、山东左参政、山东按察使、江西右布政使、陕西左布政使，所至皆政绩突出，声腾朝野。诏举能御之人，廷议首推鲍象贤，授为右副都御史、陕西巡抚。因功迁兵部右侍郎，提督两广军务。遭中伤，得赐休假以归。复起为太仆卿，晋右副都御史、兵部左侍郎。卒后赠工部尚书，崇祀乡贤祠。

　　棠樾鲍氏后裔鲍志道（1743—1801）初学会计于江西鄱阳，继而在金华、扬州等地做生意，南游及湖广一带，再到扬州协助西溪南吴氏做盐业生意。鲍志道干练敏达，行君子之风，矫革盐商奢靡斗富之风。鲍志道担任两淮总商后，急公任事，捐输踊跃，累受封赏，先后敕封为文林郎内阁中书、候选道、奉直大夫内阁侍读、朝议大夫刑部广东司郎中、中宪大夫内阁侍读等。鲍志道敦本好义，捐银八千两增置歙县城南紫阳书院经费，出三千金与曹文埴一起倡复古紫阳书院，建鲍氏世孝祠，增置祀田以奉祭祀，倡设淮南津贴法以利众商，筑东河水射，修造古虹桥，置义冢义学，其他诸义行甚多。歙人感其德，配祀于紫阳书院卫道斋，嘉庆十年（1805），奉旨崇祀乡贤祠。

　　棠樾鲍氏父子争死故事流传甚广。明成祖曾作御制诗二首，其一："父遭盗缚迫凶危，生死存亡在一时；有子诣前求代死，此身遂保百年期。"其二："救父由来孝义深，顿令强暴肯回心；鲍家父子全仁孝，留取声名照古今。"清代康熙帝钦定《古今图书集成》，棠樾鲍氏父子争死故事收录其中。清代乾隆帝为棠樾鲍氏题联云："慈孝天下无双里，衮绣江南第一乡。"清代江都薛铨曾绘鲍宗岩、鲍寿孙父子争死慈孝图，故棠樾又称慈孝里。《孝经》云："夫孝，德之本也，教之所由生也。"鲍志道倡建的敦本堂有楹联曰："慈孝为先人伦乐地在棠阴，诗书继后学问性天唯敦本。"棠樾鲍氏慈孝家风，代代相传。

郑村郑氏：奕世忠贞　名宗孝祀

　　郑村在歙县县城西郊，土地肥沃，物产富饶，历史文化底蕴深厚。人处其中，原野开阔，远山青翠，心旷神怡。刘宋孝武帝时，有郑思者自丹阳徙居歙县双桥，再迁歙北跳石、律村。北宋天禧年间，律村郑氏后裔郑球回迁双桥，子孙繁衍成族，易双桥为郑村。

　　郑村巷口屹立着一座古朴的檐楼式仿木石坊，此坊是徽州现存牌坊中建筑年代最早、历史最悠久的牌坊。据弘治《徽州府志》记载："贞白里坊，在双桥，为元县尹郑千龄里中立，余忠宣公阙书额，学士揭傒斯记。"余阙（1303—1358，今合肥人）为元统元年（1333）进士，揭傒斯（1274—1344，今江西丰城人）为元朝著名文学家、书法家。由此可见贞白里坊的历史地位。贞白里坊，两柱一间三楼，初为木质构造，因被大火烧毁，明弘治十二年（1499）重建为石坊。这座牌坊历经风雨，几度修缮，至今仍然屹立在郑村巷口。牌坊上元代翰林国史院编修程文所撰《贞白里门铭》，以及"双狮戏球""凤穿牡丹"等图案纹饰，历经岁月侵蚀，大多已模糊不清，但额枋上余阙所书"贞白里"三字仍然清晰耀眼。

贞白里坊

郑千龄（1265—1331），字耆卿，授延陵巡检，调祁门尉，历任淳安、休宁县令。因郑千龄官职低微，死后朝廷未赐谥号。但郑千龄为人忠贞清白，为官操守廉洁，所至多有仁政，深受百姓爱戴，士民私下褒为"贞白先生"，贞即忠贞，白即清白。郑千龄所居里中原为"善福里"，元至顺三年（1332），因郑千龄事迹改善福里为"贞白里"。郑村人因贞白里而倍感自豪。村里人办红白喜事，嫁娶、殡葬的队伍都要从贞白里坊经过，表示要牢记祖训，继承家风，同时表达人们的精神追求，做人要崇尚"贞白"。此风俗代代相传，至今仍然如此。

时人称赞郑千龄为"贞白先生"，与郑千龄父亲郑安有着密切关系。郑安，字子宁，因功授为歙县县令。南宋德祐二年即元至元十三年（1276），徽州招讨使李铨、知州事王积翁等率众降元。四月，副总制李世达等起义抗元。元将孛术鲁敬驻兵昱岭，以徽州反复，将出兵屠城。村族间有的亦开始自相焚杀，社会出现动荡。面对混乱时局，郑安明察天下大势，挺身而出，持杖至元军军营劝阻元将孛术鲁敬。郑安说，不能因为李世达一人而累及普通老百姓。孛术鲁敬采纳郑安的建议，命郑安代理政事，没有派兵入境。郑安上任不到一年时间，社会得以安定，百姓安居乐业。郑安不是投机求荣之人，他为人正直坦诚，当县令后深得百姓拥护，民多得实惠。郑安死后，民念其恩，尊为"郑令君"，在城西憩棠庵设立香火祭祀。时逾久，思逾深，请官立庙祀，于是有"郑令君庙"。郑令君庙门联曰："有功德于民则祀，能正直而一者神。"旧时，除春秋两祭外，每年正月十五夜，歙县人要抬郑令君神像出游，灯烛箫鼓相随，男女老幼争持纸金银钱，迎道望拜。郑氏始祖郑思孙女郑青洁是隋将汪华母亲。郑安所为，与汪华归唐，实质相类，客观上都是为了百姓的生命安危，不是为了个人的私利私欲而为。老百姓内心感激，把他们当作神来供奉。

　　《孝经》曰："身体发肤，受之父母，不敢毁伤，孝之始也。立身行道，扬名于后世，以显父母，孝之终也。夫孝，始于事亲，中于事君，终于立身。"历代统治者之所以推崇孝道，因为孝道中可以延伸出"忠"。孝的最高境界就是"事亲""事君""立身"的有机统一。只有懂得何为孝的宗族子弟，才能获得其他方面的高尚品格。郑千龄儿子郑玉、郑琏以实际言行对此作出了响亮的回答。

　　郑玉（1298—1358），字子美，号师山，千龄长子。郑玉是徽州大儒，其在师山办学授徒，学生鲍元康等捐资助学，为其筑"师山书院"，由是前来求学的门生更多，学者称其为"师山先生"。元朝浙东元帅、总管、县尹等都要向郑玉请教安民治政方略。至正十七年（1357），朱元璋部邓愈、胡大海攻克徽州，郑玉被捕入狱。邓愈劝郑玉为朱元璋服务，郑玉不愿事二主，自缢而死。临死前，郑玉留下遗书，"我之死也，所以为天下立节义，为万世明纲常，应在亲族所宜自勉。为臣尽忠，为子尽孝，以不辱为亲为族足矣，又何必区区悲慕邪。族孙忠，自幼相从师山讲学，故特书此以遗之，使以此意告夫宗族焉。"郑玉博览群书，精于《六经》等经典著作，工于古文，严而有法，研究《春秋》尤其用功，有自己独到的见解。郑玉认为，学习朱子之学，不能无原则地全盘否定陆九渊的观点。郑玉著有《师山先生文集》《春秋经传阙疑》等。洪武十二年（1379），人们为纪念郑玉，在郑村重建师山书院，朱元璋诏赐"人文师表"匾额。

郑琏（1317—1360），字希贡，郑千龄次子。元至正十二年（1352）闰三月，红巾军徐寿辉部项普略率兵 1 万余人攻克徽州城，郑琏捐资募兵克复。至正十三年（1353），随福建道都元帅帖古迭儿收复婺源州，提拔为太白渡巡检。至正十六年（1356）正月，红巾军再次攻克徽州城，郑琏又募兵 350 人助官兵克复，并攻取黟县渔亭霭峰河红巾军营寨。后收复祁门县县城，守御黟县。元将李诚以其功绩卓著报呈枢密院，擢升为行军都镇抚。

徽州素有"东南邹鲁、程朱阙里"之誉，郑村郑氏家族也不例外，深受程朱理学影响。郑氏将忠孝放在首位，以家族先贤的忠孝事迹教育子孙后代，是其家族特色。

杞梓里王氏：孝悌为先　忠信为本

　　杞梓里地处徽杭公路线上，距歙县县城40公里。昌源河逶迤东来，环村折转西流。英坑河、双龙坑、社溪自东、南、西三向流经上、下村，汇入昌源河。村落位于昌源河北岸，就山临水，带状分布。村北为塘后山，村南隔河为火焰山，东为铜山，东南有鲤鱼山、大狮潭，西有马鞍山。景色秀美，村正南有双龙挂瀑、白石龙等山水景观。主街横贯东西，长800米，宽3米。东西两端皆设街亭，东街亭额曰"乐哉"，而名乐哉亭。西街亭外种植槐树三株，而名植三亭，杞梓里亦别称植三。

　　王氏出自周灵王太子晋，改姬姓为王姓。后两派为盛，一为"琅琊王氏"，一为"太原王氏"。太原王氏晋阳派王仲舒生七子初、哲、贞、弘、泰、复、泂，后人尊王仲舒为迁江南始祖。唐末黄巢起义，烽火波及江南，王初子希羽、王哲子希翻、王贞子希翰、王弘子希翔、王泰子希翃、王复子希䢺、王泂子希瓻，乾符五年（878）自宣州避居歙州黄墩。广明元年（880），希羽迁歙县泽富，希翔迁婺源武口，皆衍成大派。杞梓里王氏系出希羽、希翔两支。明洪武五年（1372），希翔支王胜英自徽城上北市迁入溪子里，族裔衍为村族主干，遂改名杞梓里。约于明正德末年，希羽支王廷用自歙县县城桃源坞迁杞梓里。

杞梓里植三亭门额

杞梓里王氏重视教育，除清代建有铜山书院外，还有数所私塾。有进士王国相、王茂荫，举人、贡生、非科举出仕各2名。王福、王道宏分别任临安、衡阳知县，王德才任千总。王茂荫以进士累官至户部右侍郎兼管钱法堂事务，其金融思想和行钞主张得到马克思肯定，是《资本论》中唯一提到的中国人。另有晚清徽商王茂永在镇江等地开有8家茶庄；王子颂被聘为苏州吴馨记茶庄经理，改进花茶窨制工艺，增进花茶鲜香度，有"茶叶大师"之称。

杞梓里王氏崇尚"孝悌为先，忠信为本"的家风，王茂荫一门数代最具代表性。王茂荫高祖王文选（1693—1763，字遴士），赠武略骑尉（正六品武散官），以孝义闻名当时，孩童之时母亲就去世了，与父亲王国慕（1664—1728，字舜五）相依为命。少年之后，始终服侍在父亲身边，一天也没有离开过，直到父亲过世。时叔父尚在世，则服侍其叔父如同自己的亲生父亲一样。治家有法度，上下数十口人皆孝悌忠良，内和外睦，亲善怡如。等到弟弟成年娶妻生子之后，兄弟两人分家时，他则将家里好的房子、田园及一切家用器具都让给弟弟。又考虑到弟弟一家人口多，又将分给自己的那一份割让一部分贴补弟弟。家族里面修建祠堂，出工出力，捐助银两，当仁不让。"暑施浆，寒施衣，饥施食，病施药，有所请，无不立应。"

王茂荫的曾祖王德修（1728—1779），字心培，号静远，为王文选独生子。少年之时有其父风范，勇力过人。曾有一次，夜里骑马过桥，马失蹄掉落溪流之中，王德修抓住马尾一跃而上。25岁时，中乾隆壬申（1752）恩科武举。正准备参加兵部的会试，突然接到父亲突发疾病卧床的消息，马上星夜兼程赶回家中来服侍父亲。他在父亲的病床前设了一个卧榻，随时听从父亲的召唤。端茶倒水，亲自尝药，即便是处理如厕后的污秽之物，也是亲力亲为，而不要家中的佣人帮忙，十余年里没有离开父亲身边。等到父亲亡故，见母亲亦渐年老，遂断绝了赴试的念头，一意孝养其母，以终其年。

王茂荫的祖父王槐康（1755—1785），字以和。兄弟四人原均是苦读经书，准备参加科举考试，但由于家中人口多，迫于生活的压力，只得弃儒从商。乾隆三十九年（1774），年仅19岁刚完婚的王槐康就跟着王氏族人到达北京，经营徽州和福建的茶叶，因生意所需，经常在安徽、浙江、福建、北京等地奔波，一年到头难得有闲暇的时候，这样苦干了六年。乾隆四十五年（1780），王槐康利用积攒的一些本钱在通州创立森盛茶庄，苦心经营而渐有起色，但因操劳过度，不幸病死潞河，年仅31岁。王槐康死后，遗孀方氏上要伺候长辈（王文选遗孀及王德修遗孀），下要抚育儿女，克勤克俭，苦度生涯。曾自撰《长恨歌》，叙述了人生遭际及生活的艰辛。方太夫人60岁时，沐恩旌表。80岁奉旨建坊。道光二十一年（1841）正月初八日谢世，终年84岁。

王茂荫的父亲王应矩（1776—1848），字方仪，号敬庵。因幼年丧父，不得已只能弃学而赴北通州继承父业，精心经营森盛茶庄。在其努力下，茶庄经营稳定，为晚清杞梓里著名的茶商，亦为家族提供了必要的财力支持。他积极参与家族的公益事业，诸如修宗祠、置墓田、救济孤贫等，或捐资或承担具体事务，任劳任怨；于造桥、修路、兴水利、施医药诸善举，都亲自操办。曾劝募董工修建歙县三阳叶村至昱岭关近30里的石板路；督修叶村关桥等，为乐善好施的徽商典范。

王茂荫（1798—1865），乳名茂萱，榜名茂荫，字椿年，号子怀。道光十二年（1832）中进士，历经道光、咸丰、同治三朝，历任户部主事、陕西道监察御史、户部右侍郎兼管钱法堂事务等职。王茂荫继承了家族忠孝遗风，其在《家训和遗言》中写道："祖母在堂，叔辈自然孝顺。但汝等须代我尽孝，以免我罪，才算得上我的儿子。叔等在上，汝辈须恭敬，一切要尊教训。孝弟二字，是人家根本，失此二字，其家断不能昌。切勿因争多论寡，致失子侄之礼。"

为照顾家中的祖母、父亲、继母等人，王茂荫将夫人吴氏及子女留在杞梓里老家，侍候三位老人，以代他尽孝。他在北京为官30多年，始终只身居住在宣武门外的歙县会馆中。道光二十一年（1841）元旦，王茂荫在京城接到家书，得知祖母身体日渐衰弱，恐不久于人世，即告假南归。二月抵家时，知祖母已于正月初八日去世，哀痛不已。父亲70岁时，王茂荫一再想辞官归养，但父亲考虑到其身居要职，应为国尽忠，始终不允许。道光二十八年（1848）二月，王茂荫在京接到父亲重病的家信，急忙乞假南返。刚刚踏上故乡的土地，已闻知父亲去世，悲痛欲绝，以父亲生前没有为父亲端茶倒水亲自尽孝为憾。

王茂荫在家守孝期间，曾为杞梓里家庙承庆祠写过一副楹联："一脉本同源，强毋凌弱，众毋暴寡，贵毋忘贱，富毋欺贫，但人人痛痒相关，急难相扶，即是敬宗尊祖；四民虽异业，仕必登名，农必积粟，工必作巧，商必盈资，苟日日偺游不事，匪癖不由，便是孝子贤孙。"王茂荫的训导始终激励着王氏族人。

王茂荫立朝清直，遇事敢言，他在朝为官期间，曾前后上了一百多份奏折，涉及经济、军事、人才等国家治理方面的内容，做到知无不言，言无不尽。他不避权要，力持正论，甚至犯颜直谏，一身正气，深得朝野敬仰。清咸丰帝继位之时，中国已是内外交困，举步维艰，国家财政出现了巨大的危机。咸丰元年（1851）九月初二日，王茂荫上奏《条议钞法折》十条，在奏折中详细分析了发行钞币与铸大钱的利弊，提出"先求无累于民，后求有益于国"的币制改革主张，建议发行由银号出资替国家负兑现责任的钞币，并限制发行钞币的数量，避免引起通货膨胀。但咸丰帝采纳了铸大钱的建议，咸丰三年（1853）三月，户部开铸"当十"大钱，七月增铸"当五十"大钱。十一月命令各省推行铸造大钱，并添铸"当百""当五百""当千"大钱三种。王茂荫一再上疏，反对铸造大钱，结果受到"申饬"，被调离户部。

王茂荫雕像

咸丰五年（1855），王茂荫上《请暂缓临幸御园折》，则直接得罪了咸丰帝，龙颜大怒，说这是"道路传闻"，所奏"非进言之道""原折掷还"。咸丰八年（1858）七月，因病奏请调养。同治元年（1862），王茂荫复出，任左副都御史，同治皇帝称赞王茂荫"直言敢谏，志虑忠纯"。

王茂荫6岁丧母，其父在外经商，是祖母方氏将其抚养成人。方氏遵循"孝悌为先，忠信为本"家训，深明大义，治家有方。道光十二年（1832）九月，王茂荫高中进士，备官户部后，乞假归省，其祖母谆谆告诫："吾始望汝辈读书识义理，念初不及此，今幸天相余家。汝宜恪恭尽职，毋躁进，毋营财贿，吾与家人守吾家风，不愿汝跻显位、致多金也。"王茂荫遵循祖训，并以其自身言行发扬光大，他要求儿孙自觉传承其家风。他在咸丰元年（1851）所书的《家训和遗言》中说："凡人坏品行损阴骘，都只在财利上，故做人须从取舍上起。"王茂荫身为二品大员，但家中并未因其显贵而巧取豪夺。他生前并没给后人留下什么财产，去世前曾平静地告诫后人说："吾以书籍传子孙，胜过良田百亩；吾以德名留给后人，胜过黄金万镒。自己不要什么，两袖清风足矣！"

三阳洪氏：积德行善　不惟俗论

　　三阳村，又名三阳坑，雅称阳川，曾名梅溪、王干等。地处歙南清凉峰脚下，皖浙交界处。昌源河自东而西，环村而过，折而向南，在水口处与自北而南穿村流过的梅溪河相汇。村落依山傍水，环境秀美。宋代徽州司户参军范成大冬游三阳坑，有诗句云："霜桥冰涧净无尘，竹坞梅溪未放春。"民国二十八年（1939）郁达夫等人由浙入徽，路过三阳，说"瑞士的山村，简直和这里一样"。三阳村古有十景：岭寺晨钟、竹林瀹茗、丰桥界练、溪楼夜读、激浪银蟾、宝山积翠、松坞鸣琴、二水分源、潭浮印石、白石流云。溪山集翠，人文馥郁。

　　三阳先居王姓，名村曰王干。继入胡姓，居王干之上，名胡干。明天顺元年（1457），洪福生（1406—1476，字士基，别号林隐）自慈坑迁入。相传三阳洪氏始祖牧羊于梅溪之滨，有三只羊吃饱后不愿离去，因而定居，名村居曰三羊，又作山羊，后雅称三阳、三阳坑，别称梅溪。后洪姓族蕃，成为村族主干。

　　三阳洪氏重视文教，清雍正元年（1723），洪运锦独资在存仁堂创办阳川义学，乾隆时迁入水口馆舍（后俗称水口学堂）；光绪三十四年（1908）改名为私立崇诚两等小学堂；民国四年（1915）改名为私立梅溪小学校，购置有洋鼓、洋号、风琴、哑铃等。三阳洪氏代有才人，洪寿溥，明成化十二年（1476）举荐为国子监学生，官南康知县。清代洪祖诒以庠生试用通判；洪文翰以贡生奖叙翰林院待诏，著有《晚芗吟馆诗草》《晚悔笔记》等9部36卷；洪沨以优贡任山东知县。茶商辈出，清乾隆、嘉庆年间，洪源授在江苏南通创立洪立大茶庄，洪乐澄在泰州姜堰开设义泰和茶庄。

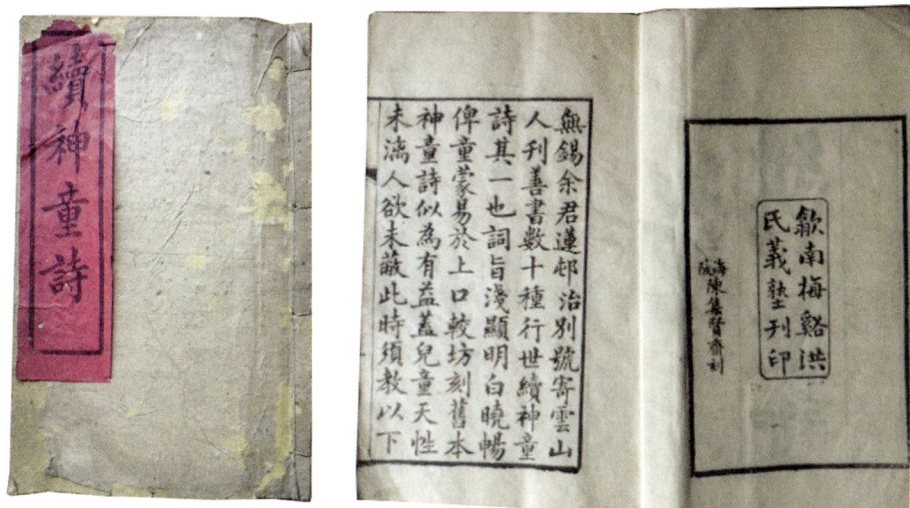

歙南梅溪（三阳）洪氏义塾刊印的《续神童诗》

　　三阳洪氏奉行"积德行善，不惟俗论"的家风，洪源授一门即为其中的代表。洪源授（1755—1834），字颂南，国学生，晋赠资政大夫，候选道衔加四级。洪源授年少之时，父母亡故，家里贫穷，后随族人贩茶来到江苏南通设点售卖，由于茶叶品质好，加上经营得法，逐渐积累了一些资金。约在乾隆中后期，他在南通南大街十字路口旁设立"洪立大茶庄"，诚信经营，滚动发展，渐成规模。每年到徽州本土收购毛茶达千余担。此后在江苏泰州石塘及浙江、福建、北京等地开设分店，利润丰厚。

　　洪源授敬母睦兄，对继母一如对待生母一样，尽其孝道。小弟的教育抚养资金由其出资，成年分家后，其弟游手好闲，将所分家产败光，洪源授除对其严厉教育之外，又将属于自己的资产分给他，让他改过自新。其弟从此之后痛改前非，勤奋自立。

　　徽杭古道开凿于南宋，而三阳至昱岭关段山峰耸立、溪谷纵横，最为险峻。叶村东约一公里处有关桥，横跨昌源河上，为交通要道。但因山洪暴发，曾于清顺治、雍正、乾隆年间三毁三建。道光三年（1823）夏，山洪再次将大桥冲塌，行人需趟水绕行，极为不便。道光十七年（1837），王茂荫父亲王应矩主持重建关桥，歙县七贤村富商胡祖祔及三阳洪源授积极捐资，其中洪源授的"灵椿堂"捐银400两。关桥于道光十九年（1839）二月竣工，采用花岗岩块石垒砌，三洞连拱，长63米，宽7米，高9米，桥东为廊亭。关桥至今尚存。

关桥

道光十一年（1831）、十二年之交，江南一带发生大饥荒，洪源授一面嘱咐儿子在三阳煮粥救济灾民，一面在南通开展赈济，使得许多人得以度过灾荒，得到了地方官员的表彰。又在三阳庆丰桥设立茶亭，数十年如一日，为过往旅客免费供应茶水。曹振镛听到洪源授的善行，称其为"一乡善士"，并在其八十岁寿庆时，特书"灵椿堂"匾额以表彰。

洪伯成（1782—1858），字禹功，号梅庵，为洪源授三子，国学生，敕封儒林郎光禄寺署正，赠奉直大夫、户部贵州司员外郎，覃恩诰封资政大夫议叙道加四级。在其父洪源授开创的南通洪立大茶庄基础上，在浙江、福建等地开设多家分店，鼎盛时，雇佣店员职工有数百人之多。

洪伯成素有慷慨义举，为世人所称赞。三阳关桥至昱岭关近 30 里的山路崎岖难行，他慷慨解囊，捐资凿石，铺成坦途，百余年来，跋涉之旅，无不啧啧称之；道光十七年（1837）关桥重建，又以个人名义捐银 800 两；村口杉木岭为往来要道，年久失修，路面坍塌，为预防来往行人跌落，洪伯成捐资砌筑石磅，整修道路，铺设石板，从而道路平坦易行；在凤形建新亭，以方便行旅在此歇息；其他如在桥上施茶，门前施粥，种种善行，不胜枚举。

咸丰七年（1857）夏，三阳及附近的昌化一带发生大洪水，冲毁了许多道路和桥梁，而昌化受灾最为严重。洪伯成训诫儿子：你们到昌化一带收租办事，要乘便巡视一下受灾情况，动员当地士绅同心合力，及时修复道路、桥梁，并积极捐助银两给予帮助，切不可吝惜资财而视而不见，"利世利人，吾之素志也"。次年，昌化兴修唇溪桥，乡人童裕华等来三阳募集资金，洪伯成毫不犹豫捐助 100 两银子。内侄王茂荫曾撰文称："其立心之仁厚，持躬之端谨。居家之孝友和顺，上事父母承颜养志，中处兄弟则友克恭，子侄数十人共爨而居，秩然和蔼。周邻里，济孤贫，必酌埋势之可行，而不务为名高。"赞誉姑丈洪伯成的诸多善举。

洪本耀（1832—1878）字亮采，号肖梅。洪伯成之子，洪源授之孙，国学生，候选光禄寺署正，军功保奏赏戴花翎，诰封中议大夫，钦加四品京衔。为人洒脱，是一位见义必为的儒商。咸丰三年（1853）3 月 19 日，太平军占领南京，改南京为天京，建立农民革命政权。随后派兵攻占苏北等地。此时，洪本耀身陷苏北，故里音书断绝，他非常担心族人的安全。于是洪本耀设法从海上坐船逃出，写信给三阳族长，让村人设法逃难，使许多村人得以存活下来。至同治三年（1864）战乱平定之后，洪本耀回到三阳故里，见数百具骸骨暴露于外，遂出资将其收殓，掩埋于新干畈后干山麓。

太平天国战乱之后，家乡一片狼藉，百废待兴。洪本耀倡修宗祠叙伦堂、支祠本立堂，修复庆丰桥、水口庙等公共建筑，举荐洪承桃（字春园）为总负责；资助梅溪义学，延请名师，刊刻启蒙教材《养蒙必读》；同治初年，三阳等地因瘟疫死亡者众多，洪本耀从江西引进打秋千民俗活动，以祈望驱逐瘟疫，保民众平安。至于排解邻居纠纷，周济孤贫等善举，指不胜数，得到村人的赞赏。

洪祖治（1850—1894），小名玉祝，字梅孙，号磊公。洪本耀之子，洪源授曾孙，邑庠生，试用通判，诰授奉直大夫提举衔，赣州牙厘总局兼督两关兼发审事。在江西任内，勤慎自守，按章办事，颇孚众望。其离职时，民众赠以德政牌、伞（旧时绅民为颂扬地方官的德政而赠送的物件）。洪祖治亦为儒商，工诗词，精铁笔，小篆尤古雅。

洪源授一门后继有人，其来孙洪惟敬（1873—1943，字守斋）传承了家族积德行善的优良传统，在村中享有较高的声誉。民国初年，洪惟敬在北京菜市口开设洪裕茂茶叶店，在福州烟台山山麓闽江边设有洪德裕茶庄，窨制花茶。他曾任北京茶叶商会会长。他勤奋诚信，敦厚孝顺，乐善好施，家中常备头痛、劳力药（一种解除疲劳的土药）及常用膏药，有求必应，不管贫富一律不收一分钱；把家人准备给他做五十寿诞的钱全部用于修桥铺路，主要有三阳十字街经外坦到茂林前的石板路、郑家溪的积善桥，其中建造积善桥花费大洋2000多元。他非常重视家乡的教育，聘请名师，捐资办学。其子孙不少为国家栋梁，如二子洪谦（即洪宝瑜）为中国当代著名的哲学家，孙洪啸吟为清华大学化学系教授、博士生导师。

几百年人家无非积善。三阳洪氏洪源授一门，重视教育，热心社会公益事业，修桥补路、赈灾济贫。自洪源授以下数代，其子洪伯成、孙洪本耀、曾孙洪祖治等皆秉守良好的家风，积德行善，后代人才辈出，正所谓"心田存一点子种孙耕"，家风传承，源远流长。

北岸吴氏：行善积德

　　北岸地处徽杭古道上，与大阜隔河相望。棉溪河经村东往西，折转南流，旧称北溪。村落背靠吴家山、荷叶尖，东侧是高耸的天柱尖、龙门山诸峰，西侧是低矮的赤石潭山，南面是花山，略显平阔。北岸村历史悠久，人文荟萃。旧有祠堂、玄坛庙、南村畈道观、社屋庙、土地庙、茶亭、大夫第、兰桂山房、旌节坊等建筑，现存吴氏宗祠、风雨廊桥、衍庆桥等公共建筑及100多幢徽派古民居，大多为明清时期徽商所建。

　　南宋宝祐末年，吴赵（讳九）自小佛（阜）西岸迁居溪之北岸，遂为村名。后人尊吴赵为北岸吴氏始迁祖。北岸吴姓十分兴盛，历经数百年的衍脉，既有显宦，又有富商。明清进士有吴宗尧、吴宝镕，文武举人4名。吴宗尧（字仁叔），授益都知县；吴端甫（字冠卿），由中书升浙江候补道，署台州知府。明清时期有富商吴元隆、吴茂、吴志仲、吴武仲、吴侃、吴肇福（字德基）、吴荣运（字景华）、吴恒熙等，皆热心家乡的公益事业。

　　北岸吴氏奉行"多行善事常积德，祸因积恶必自惑；莫道善小而不为，文明和谐方兴国"的家风，他们常济人于难，慷慨解囊，不求回报。在经商致富后，热心于修桥梁、铺道路、建路亭、周济贫困等善举，乐此不疲，如吴元贯一门堪称其中的代表。

　　吴元贯，约生活于清康熙、乾隆年间，为人忠直，性格豪爽，处事果断，交友甚广。全年经商在外，某年，贩运茶叶到北京销售，历经艰辛，赚得一些银两。但在北京见一同乡突发疾病，困在旅店中半个多月了，身无分文，可谓是贫病交加。吴元贯念着同乡情谊，自己只留下少量回家的路费，然后将身上的银两都给了他，用于治病和付旅店住宿费用。吴元贯回家后对别人也没有提及此事，但因此缺乏经商的资本而家道中落，在家中艰苦度日。即使这样也不曾求告他人，只讲身体不适而无力外出经商。后旅京的同乡获知此事，告知村人，大家才明白事情的经过。

吴荣运（1720—1807），乳名细高，字景华，号华亭，吴元贯之子。自小勤读诗书，好学不倦。因家道中落，只得弃儒经商。他在家乡贩买茶叶，沿着先辈的贩茶线路，经新安江用船运到杭州，然后由海道千里迢迢，乘风破浪，一路北上，绕过山东半岛进入渤海，走营口抵达盛京（今沈阳）。历经千辛万苦，在东北一带创立"景隆号"。由于茶叶品质好，价格公道，受到东北一带民众的喜爱，茶号在当地站稳脚跟，并逐渐发展起来，数年后，成为东北响当当的徽商字号，其分店也扩大到京城及山东等地许多内陆城镇。

晚年，吴荣运将生意交给其儿子打理，自己则悠游故里，像他父亲一样，力行善事。某年，歙县发生饥荒，县令号召富户捐助，吴荣运毫不犹豫，积极捐钱捐粮，使许多人度过饥荒。县令又征收往年拖欠的税粮，村族中的贫困户无法如数交出，吴荣运则全部代为缴纳。至于修祖庙以妥先灵，治桥梁以济行旅，众亲窘迫有所告者，无不竭力周济；其他如掩枯骨、施茶酒、济穷困等，毫无倦色。

吴荣运长子吴应晟（1760—1830），乳名长庆，字藻文，号润原。吴荣运退休后，吴应晟接掌庞大的家族产业"景隆号"。清道光六年（1826），为重建吴氏宗祠，吴应晟代表家族捐资22万两白银。

北岸吴氏宗祠"叙伦堂"始建于明代洪武年间，后于清乾隆二年（1737）、乾隆六年（1741）均有修缮，道光六年（1826）重修。三进五开间，面宽18.37米，进深44.11米。门楼为五凤楼，飘逸而雅致。大门前两梢间砌水磨砖八字墙，饰以砖雕。中进享堂高敞，五架梁，月梁式梁头雕象鼻，梁柱硕大，前金柱直径56厘米。后进寝堂地坪高起，两侧有石阶可登，西廊设砖雕土地神龛，精致异常。享堂前有栏板6块，深浮雕西湖风景图，构图仿山水画手法，远中近景分明，典雅而富于诗情画意，刀法潇洒活泼，物象生动别致，无论是路边行人、候船者还是画舫、亭阁中人物都栩栩如生，显示出高超的雕刻艺术。寝堂台廊前7方栏板浮雕是百鹿图通景，构图巧妙，群鹿或徜徉草地，或出没山林，或嬉戏水边，或呦鸣唤雏，皆神形俱肖，一派天真烂漫情趣。百鹿图栏下，享堂后之天井又有一圈天井栏杆，望柱圆雕石狮，13方栏板雕的是博古彝器，雕刻工丽，古色古香。北岸吴氏宗祠中的石雕工艺水平，堪称徽州之最，也是真金白金堆积而成。

吴氏宗祠内的石雕

整座祠堂重建约花费24万两白银，除族人集资2万外，巨额资金主要由吴应晟家族承担。除捐巨资重建宗祠外，吴应晟还捐资购买石板，雇石工，铺设北岸到深渡20里的石板路；捐资整修歙县县城的太平桥。

吴荣运次子吴应暹（1763—1836），乳名洪庆，字师度，号南林。

每月出米谷，周济60余人，时间长达10年；每当遇到灾年，吴应暹按照家庭实有人口给予口粮，村族之人赖以存活；修亭铺路，善举良多，曾先后建子坑亭、岔坑亭、麻雀亭、渔亭、长坞亭、下金坑亭、青塘亭、沙坑口亭等，为路人提供遮风避雨的歇息之处。

北岸吴氏除吴元贯，吴荣运，吴应晟、吴应暹一门三代致力于行善之外，还有清中期的吴肇福（1719—1792，号德基），吴德凝茶号创始人。吴肇福擅武功，壮年时，不惧沿途盗贼横行，多次贩茶关东，创下了基业。之后生意兴隆，越做越大，成为北岸村的大户。衍庆桥位于北溪河上，是徽杭古道上的一座重要桥梁。始建于明代万历三年（1575），北岸吴月山倡修。但到乾隆三十八年（1773），历经200年后，桥梁损毁严重，吴德基慨然倡议重建，工程于乾隆三十八年秋季动工，当年岁末落成，"计工费缗钱五百千有奇"。吴德基不仅出钱出力，还亲自畚土，参与修桥。"其余修治路衢、设立义学、里之人贫无以葬，待德基而举者，难数计也。"次年，乡耆吴天蓬、吴世圻、吴振嵩、吴廷仪、吴元惺、吴宗灿，文会吴廷珆、吴永振、吴青选、吴成烈、吴振雷、吴坤等合众共立"重修衍庆桥碑"，碑文为时任歙县县令李芳杞撰写，李芳杞认为"夫修善于乡，不求闻誉，士君子之行也。彰善表里，树之风声，有司之责也。"碑额为曹文埴书，文字金榜书。该碑现存吴氏宗祠内。

晚清吴恒熙经商致富后，捐资修建横溪、深渡各桥，修路20余里，施棺百余具。清末吴士昌，善于扎裱各种奇巧物件，所作纸衣皆可穿。吴士昌后学书画，尤长兰竹。吴士昌中年居景德镇画瓷多年，大件器皿多出自其手笔。有了一定的积蓄后，吴士昌返乡贸易，远近借贷有求必应，至光绪间积存在小箱中的借据已经堆满了，后来他将所有借据付之一炬，一笔勾销。北岸吴氏一代代正是奉行小善而为、行善积德的家风，从而在众多家族中兀然挺立。

许村许氏：
读书积善光门第　尊祖敬宗好儿孙

许村，在箬岭关南麓，富资水上游，距歙县县城21公里。南朝梁天监年间，新安太守任昉行春至此，爱富资山水，居于此，村名因此名昉源，又名任溪、任公村。隋大业十三年（617），汪华开通箬岭官道，这里逐渐成为歙北的交通枢纽。

唐龙朔年间，宰相许敬宗次子许昱，南游歙州，居城南山坞（城阳山），其子许宣平为歙州名士，李白曾慕名来访。歙州人念许宣平行善之恩，在城阳山设庙祭祀，后世道教则将其列为神仙人物。五代后梁开平年间，许敬宗长子许昂之后，唐睢阳太守许远六世孙许儒，不义朱温，自雍州南迁居歙县黄墩。其子许知稠慕任昉名，再迁歙北昉源，后世繁衍滋大，遂以姓为村名，改昉源为许村。许村许氏为许敬宗后裔，尊许儒为一世祖。

徽州望族都以行善乐助为行事根本。家族中富贵者，多怀仁慈之心，常为行善之事，诸如办学堂、修道路、建桥梁、周济贫乏等社会公益事业，无不慷慨解囊。乐善好施，也是许村许氏家族最宝贵的文化基因、最优秀的家风传承。许知稠子许规，乐于行善，不贪钱财的故事，一代又一代口口相传，教育了无数人。许规因为经营需要，经常在宣城与歙县之间往返。一次，许规到住地后，发现邻居屋内有呻吟声，他就进去探望，原来邻居是位生病的年轻人。邻居对许规说："我知道您是忠厚长者。我是某郡人，将要病死。我死后请您把我的尸骨送回我家。"许规毫不犹豫地答应下来。邻居又指着一只布囊说：

"里面装有黄金十斤，这个烦请您交给我家长辈。"过了几天，年轻人病死，许规遵照承诺，把邻居的尸骨和黄金送到千里之外死者的家里。死者家属十分感激，拿出金子来报答许规，许规却拒绝了酬谢。人们都说许规是个既不贪财又能守信的人。

许氏家族为了弘扬传统，在制定家规时把家族的教育经验进行总结，家规中充分体现了行善为人的导向功能。明代崇祯年间所编《古歙许氏宗谱》，其家规内容已经涉及生活的方方面面，具体细则上一般是直接阐述为人处世原则，然后进行正面解释，又从反面说明不能坚持原则可能带来的祸患，而且大多有惩戒性的措施。如居家孝悌，实为日用之常理。假若任意随性，始有小过不改，逐渐发展必定成为大恶之人。所以，对于不孝不悌者，必须带到祠堂当众进行教育，令其改正，十分恶劣的要送到官府去公办。又如抚孤恤寡，每个人都希望自己幸福，而不幸往往会发生，所以需要怜恤。更不能欺孤虐寡。遇孤儿寡妇，亲人有推辞抚恤职责的，就要把他带到孤寡者面前，要求他改正错误。再如救灾恤患，人都以平安为福，而水火、贼盗、疾病、死丧等灾危患难之事时而有之。凡遇意外不测之事，乡党邻里应当相助相扶，这不是强迫，而是应该知道的道理。对别人遇害漠不关心甚至落井下石，千万不能如此做人。

许氏家规不深奥，浅显易懂，多以"推己及人"的方式，引导规劝子孙如何为人行事，教育效果自然明显。家族有优良家风，家族传承故事当然生动而丰富。元代许洪寿（1265—1321），字行寿，号友山，以经商致富，有仁厚之德。许洪寿坚决打击那些强横狡猾而不守法纪的地方不法势力，保一方平安；宗族有孤儿，则收养；贫穷者，则时时予以周济，名重一时，名公硕士都愿意与他交往。至元二十七年（1290），绩溪寇发，朝廷以许洪寿武勇，檄令率乡众招捕，时官军准备逮捕后全部诛杀，许洪寿主张只惩罚主谋者，而将胁从的500余人全部释放。许洪寿重建住宅时，还建有书楼，藏书数千卷。许洪寿尝捐款建任公桥，在昉岭造彦昇亭，在登堂造忠烈庙。

许洪寿子许德绍（1307—1358），为人憨厚老实，待人宽容大度，孝敬尊长；和睦乡里，赈济孤贫；延师教子，继承前人美德。元至正十二年（1352），红巾军进犯歙县，许德绍接受府县的命令，召集义勇，助力官军克复郡城。

五马坊

许德绍子许伯昇（1332—1383），自少好学，敬贤爱士，恤寡怜贫，知廉耻，明是非。邻里之间有纷争，都请许伯昇评判决断，乡人服而言曰："有事诉伯昇，何须理讼庭。"红巾军进犯至许村，伯昇率众防御抵抗，保卫乡邻。许氏祖孙三代率乡兵保卫家乡，时谓"许氏三世义勇"。洪武十三年（1380），许伯昇以"聪明正直"荐任福建汀州知府，随身携带着父亲的《诫子遗文》，反复提醒自己："体先人意，毋戕害平人。"汀州人刚愎好斗，喜欢打官司，其地盗寇出没，古称难治。许伯昇到任后，先是倡劝农桑，倡导教育，兴修学宫，与当地文人名流讲求人伦之教，当地人士非常感动。一年下来，民间诉讼大为减少，百姓称为"青天知府"。任满三年方拟超擢，因勤劳死于官任。汀州人如像自己的父母亡故一样悲痛，立祠祭祀。祠庙挂有许伯昇生前所撰的楹联："少造一冤一枉乃为官正道，多索一分一厘是祸国殃民。"许村纪念许伯昇洪武间任汀州知府的牌坊原为木坊，成化间被焚。明正德三年（1508），裔孙许德政、许颢宗、许大兴等重修，此坊便是"五马坊"，2006年被定为全国重点文物保护单位。

许伯昇弟弟许周安，年24岁病逝，其妻胡氏有遗腹子。许伯昇便在弟弟居住的房屋院内凿井一口，名"福泉"，又请两三位老妇伺候胡氏，柴米油盐等供应无缺。许伯昇嘱咐，若生男取名天相，生女取名吉人。明洪武二年（1369），侄儿许天相诞生，弟媳和侄儿的日常生活都是许伯昇负担。许伯昇虽然未能见到天相娶妇生子，但他的善行却在许村代代相传。后来许天相裔孙遵胡氏遗愿，拆除围墙，把福泉井作为公用井方便邻居使用。

许村许氏祠堂有楹联："古今来许多世家无非积德，天地间第一人品还是读书。""欲光门第还自读书积善来，要好儿孙须从尊主敬宗起。"许村许伯昇祖孙三代的善行故事，只是许村许氏家族乐善好施的一个缩影。

蓝田叶氏：借术济世

蓝田地处歙县东北，距歙县县城约16公里，今隶属溪头镇。村对面为贵金山、富金山，东、南面有钟山、鼓山、旗山，潺溪九曲，自北折东注入桃溪河转南流。村东出口处有文昌阁、松谷亭等建筑，并筑有三道堤坝，古木参天，环绕村庄。山川秀美、古朴雅静，有石壁峰青、石塘沉月、佛岭樵歌、如来佛柱、金山钟秀等蓝田十四景。

蓝田原名潺田，南朝梁时即有吴、杨二姓居住。后梁天保年间，天下纷乱，叶孟将夫人萧氏等眷属安置于潺田后回朝为官，后辞官定居潺田。叶氏为纪念先祖叶敷泽曾任蓝田县令，改村名为蓝田，又以"蓝田种玉"典故，村名又为种玉里。叶氏后繁衍成族，为村之主姓。

溪头镇蓝田村村口节孝坊（左）、文昌阁（右）

"诵读之业，毕生之功。童稚伊始，勤学不松。"蓝田叶氏为歙东名族，历代名人辈出。北宋神宗熙宁三年（1070），叶祖洽（邵武籍）中状元，建有"文耀"坊。明弘治元年（1488）建有"亚守第"坊，纪念兵部尚书叶祖洽、侍御史叶昌盛、西安府太守叶景成、翰林承旨叶粲、广东同知叶弘、汉阳府经历叶梓等9名显宦。清代有广西平南典史叶钟进。清乾隆年间，叶天赐以业盐致富，任扬州盐纲总商，救济宗族贫困者甚多；倡建村口文昌阁、松谷亭，供贫寒子弟读书；清乾隆二十七年（1762）为母汪氏请立"松虬雪古"旌节坊。

叶天士家族数代为医，悬壶济世，有口皆碑。叶天士曾祖父叶隆山即为歙东名医，医德高尚。祖父叶紫帆，清代康熙年间，由歙东蓝田始迁吴县（今属江苏）。父亲叶朝采（？—1681，字阳生），幼得家传，精于中医治疗之术。叶朝采轻财好施，只要是病人，无论贫富，均施药诊治。布政使司参议范长倩晚年得子，但新生儿却没有肛门，这可急坏了一家人，他们急忙请来叶朝采为之诊视，叶朝采认真视诊后说："肛门包在一层膜里，必须用锋利的刀子将其割开才行。"范长倩家人亦是半信半疑，但也没有更好的办法，就依叶朝采之见。叶朝采用刀将包膜小心割开后，经过悉心调养，果然痊愈。叶朝采兼工书画，好吟咏，善鼓琴。

叶天士（1667—1746），名桂，字天士，号香岩，别号南阳先生，以字行世。为温病学派宗师。叶天士少承家学，自小耳濡目染。祖父叶紫帆、父亲叶朝采都精于医术。白天，他从师读经书；晚上，父亲就教他望闻问切等中医知识。他从小就攻读《素问》《难经》及汉唐宋诸名家所著医书，兴趣广泛，收益颇多。可不幸的是，当他14岁时，父亲就去世了。家境贫寒且失去了父亲的庇护，为了维持生活，他只得一面行医，一面拜父亲的门生朱先生为师，继续学医。没多久，他在医学上的造诣，就超过了朱医师。但他毫不自满，孜孜不倦，又去寻找别的老师求学去了。

　　山东有位姓刘的名医，擅长针灸之术，叶天士很想去拜师学习，只苦于没人引荐。一天，恰巧有位姓赵的病人，是那位名医的外甥，因为舅舅没法治好他的病，特地来找叶天士医治。叶天士专心诊治，开出处方，他服了几帖药就好了。赵姓病人很感激。叶天士趁机请他介绍去拜姓刘的那个名医做老师，赵先生欣然应诺。叶天士在刘先生开设的医馆里，虚心而谨慎地学习。一天，有人抬来一位神智昏迷的孕妇就诊。刘医生号脉后，推辞不治。叶天士经过仔细观察，发现孕妇因为临产，痛得不省人事。于是，取针在孕妇脐下一个穴位扎了一下，就叫人马上抬回家去。到家后胎儿顺利产下。刘医生很惊奇，便详加询问，才知道这个徒弟原来是早已名震远近的叶天士。刘医生为其谦虚好学的态度所感动，毫无保留地将自己的针灸医术全部传授给他。

　　叶天士听说苏南一座寺庙中有位老僧善医，就很想拜他为师，但又怕贸然前往，老和尚拒收，于是叶天士就乔装打扮，改名刘生，提着礼物，来到寺庙拜见老和尚，老和尚见他一片诚心远道而来，就收他为徒。叶天士在庙中非常勤快，挑水、砍柴、扫地，什么事情都抢着干。白天，老和尚在给病人看病时，他则在一旁细心观察，晚上则挑灯夜读，研读医学典籍。老和尚见他勤奋好学，非常喜爱这个徒弟，时常与他讨论医术。一次，从山下抬来一个面黄肚胀的病人，老和尚正巧有事，就叫叶天士给他诊治。叶天士仔细诊治后，开了一剂杀虫的重药。老和尚接过方子看了以后说："你认识叶天士吗？这个方子很有他的味道！"叶天士一听，赶紧下拜说："师傅，我骗了你，我就是叶天士。"老和尚非常诧异，早已名声在外的叶天士竟然隐姓埋名来拜他为师，很受感动，将自己的学识毫无保留地传授与他，并把自己珍藏的一本医书也传给他。

　　叶天士虚怀若谷，谦逊向学，就这样在7年的时间里，先后拜师17人。正是这样博采众家之长，融会贯通，而自成一家。由于他治病常出奇效，时人给予"天医星"雅称。有一个人患了一种顽固疾病，久治不愈，十分苦恼。他找叶天士诊治。叶天士开了一个方，嘱他按方服100剂，就不会复发了。病人服了80剂，病已好了一个多月，他就不再坚持服药了。不料，事隔一年，病又复发。叶天士对他说："我叫你服100剂，你才服80剂，当然要复发了。你回去后，按我开的处方抓药，再服40剂，病就永不复发！"果然，病人在继续服用40剂药后，就痊愈了。

又有一次，一位上京赶考的举人，路过苏州，请叶天士诊治。叶天士诊其脉，问其症。举人说："我无其他不适，只是每天都感口渴，时日已久。"叶天士便劝那位举人不要赴考，说他内热太重，不出百日，必不可救。举人虽然心里疑惧，但是应试心切，仍然继续北上。走到镇江，他听说有个老僧能治病，就赶去求治。老僧的诊断和叶天士的诊断一模一样，他才相信。另有一次，邻居家中有个孕妇难产，已经找了其他医生诊治。她的丈夫不放心，又拿着方子来求教叶天士。叶天士看了方子，嘱加桐叶一片。孕妇煎药服下后，就得以顺利生产。叶天士30岁时，就已名闻天下。

叶天士最擅长治疗时疫、痧痘等症，是中国最早发现猩红热的人。清雍正十一年（1733），苏州发生大瘟疫，叶天士研制大量甘露消毒丹、神犀丹，救活了不少人，时人比作"普济消毒饮"。其中有个打更的人，全身浮肿，又黄又白，病情十分险恶。别的医生看了，都说没得救。叶天上经过细致诊察，只用两剂药就把他的病治好了。

叶天士与徽商交往紧密。他曾应旅居扬州的歙县潭渡人、大盐商黄晟（字东曙，号晓峰）兄弟邀请，到其家中，与王晋三、杨天池、黄瑞云等人一起考订药性。黄氏兄弟有"青芝堂"药铺和木刻园，即延请叶天士为扬州城中百姓治疗疾病，又为叶天士刻印《叶氏指南》医书。

叶天士是温病学的奠基人之一。清代乾隆以后，江南出现了一批以研究温病著称的学者。他们总结前人的经验，突破旧框框，开创了治疗温病的新途径。叶天士所著《温热论》，为我国温病学说的发展提供了理论和辨证的基础。他首先提出"温邪上受，首先犯肺，逆传心包"的论点，概括了温病的发展和传变的途径，成为认识外感温病的总纲；还根据温病病变的发展，分为卫、气、营、血四个阶段，作为辨证施治的纲领；在诊断上则发展了察舌、验齿、辨斑疹、辨白疹等方法。叶天士毕生诊治不辍，无暇著述，今存医案多为后裔及弟子录存。有《温症论治》1卷、《医效秘传》3卷、《叶案括要》8卷等。

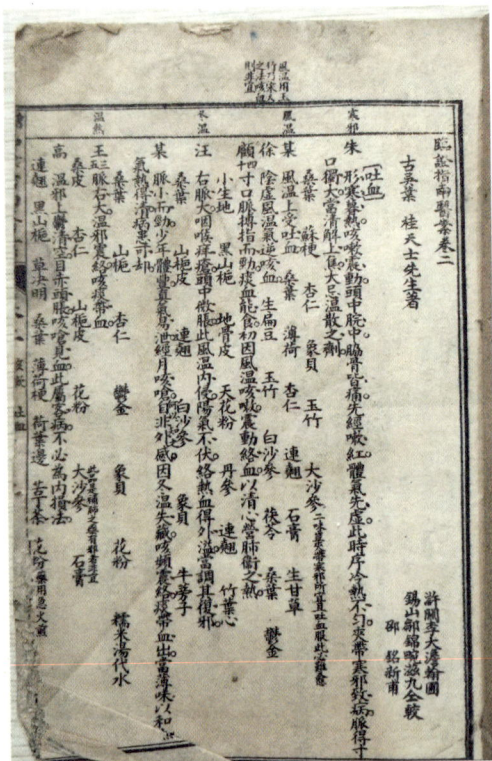

叶天士医案抄本

叶天士高寿，活了80岁，临死时，他谆谆告诫儿孙说："医可为而不可为。必天资敏悟，读万卷书，而后可借术以济世。不然，鲜有不杀人者，是以药饵为刀刃也！"

叶奕章、叶龙章，叶天士之子，叶氏医术继承人，著名医家。兄弟二人继承其父亲的治疗经验与医术，为民众除病解难，得到苏州一带百姓的普遍赞赏。叶天士的门人弟子也很多，如朱心传、顾景文、张揆亮、吴厚仁、叶大椿、周仲升、吴正学、毛丕烈、陆得、周浩等，叶氏独到的经验和深邃的医理，一直对后学起着启迪和借鉴的作用。他的学说在身后二百多年的持续发展中，形成了中医史上一个重要的医学流派——"叶派"，在近代中医学史上占有重要的位置。

蓝田叶氏除叶天士一门外，以医成名者还有清代的叶昶（字馨谷），曾为江苏鲍超所部清军治疗瘟疫，活人无数，以功授五品知府衔，赏戴花翎；民国有新安名医王仲奇弟子叶阜民在苏、杭挂牌行医，以治伤寒疑难杂症著称于世。传承了叶氏"借术济世"的好家风。

槐塘程氏：医儒兼治　仁心惠民

　　郑村镇槐塘村是一座有着千年历史的古村落，亦是安徽"第一华侨村"。村中宋代御书楼、明代古树、清代古民居，现代欧式别墅以及徽派农家小院错落有致。走进槐塘，和谐徽韵宜人，清新暖风扑面。村中丞相状元坊、龙兴独对坊，举世闻名。村庄四周有九条古道向村庄中间的风景山聚合，似"九龙戏珠"，绽放出历史的荣耀。

状元坊

　　程氏，奉春秋时程婴为鼻祖。东晋大兴二年（319），程婴后裔程元谭，自东阿南渡任新安太守，有善政，得民望，任期满后，百姓挽留，晋明帝赐田宅于黄墩。其后子孙世居，奉程元谭为新安程氏一世祖。后周广顺二年（952），程汾支派后人程延坚，由歙城河西迁居歙西十五里，以姓名村，尊程延坚为一世祖。至十世有程元凤为南宋丞相，其从弟程元岳为工部侍郎，其从侄程念祖为直秘阁，其从侄程扬祖为状元，居所分别曰正府、上府、旧府、下府，"四府"华堂壮丽，开支延脉，子孙昌盛。程元凤祖父程正，晚年自旧府移居正府，庭前种下三株槐树，以仿效王晋公故事，而居所又临近大塘，故改程村为槐塘。

古语云"家有政则知体"。家政是齐家之法，家无政，不仅家庭关系难以维系，家族昌盛更无从谈起。槐塘程氏博采众长，注重家族治理。程元凤祖父程正，在村里从事教学，轻财乐施，以行义著。程元凤从侄程诚祖，曾率宗族创建"世忠行祠"，作为祭祀祖先、族人会集之所。槐塘程氏教育族中子弟时特别强调，家族子弟无论智愚贫富，都要守正业，游手好闲便是废人。族人以成家立业为人生最切实目标，而不是刻意追求读书做官。不管从事何种职业，只要是士农工商等立身正业，能够做到"克保先业""承训克业""辛勤立业"，都是人生的成功者。如元代程安，字积玉，聪明异常，父亲口授诗书数篇即能记诵。程安长大后没有走仕途道路，以手艺为生。当时杭州有工匠制造银器，程安每天去观摩学习，后精通此项技艺，其所造银器精巧绝伦。

不守正业，自甘污贱，就是玷辱门庭，便成坏人。医生虽行仁术，但因为性命攸关，又有庸医图财害命的负面影响，在传统的思想观念里，不是禁行的职业，也不是令人羡慕的正业。而槐塘程氏家族以为，只要从事政府允许、百姓需要的职业，恪守职业道德，就是良民。所以"不为良相即为良医"，是槐塘程氏族人的"口头禅"。许多槐塘程氏族人习医从医，悬壶济世，给普通劳苦大众医治病痛，有口皆碑。

程珫（1431—1497），又名长孙，字文炳，号宝山，因母多病，于是以行医为业。程珫从婺源汪济风讲求《素问》之旨，治病都能抓住要害，手到病除，为时人所敬重。有人欲荐之于朝廷，程珫力辞不受。

程玹刻苦钻研，著有《太素脉诀》《经验方》等藏于家。

程玠（1434—1485），又名傅孙，字文玉，号松崖，程玹弟弟。程玠中明成化十三年（1477）丁酉科举人，二十年（1484）中进士。程玠博览群书，星历、术数、遁甲之学，无不精究，尤善太素，擅长号脉。明代著名的思想家、史学家、政治家、经济学家和文学家丘濬称其为"一代异人"。著有《大定数》《太素脉诀》《松崖医径》行于世。坊间流传程玠的故事颇多。同族廪生将被举荐而病重，程玠入户闻咳嗽声，即言道："此非病者钦！无忧行，且为邑令。"后如其言，中举授华容知县。一日出游，遇到一辆丧车经过，见有血从棺材中流出，很是疑惑，于是用指头沾了少许放到鼻子前闻闻，马上喝止道："棺里的人还没有死！"众人大为惊惧。其家人以为程玠误疑有冤状，于是哭着告诉程玠："吾妻子不幸病亡，你不要怀疑。"程玠笑道："你不知道，赶快打开棺材，我可以让你妻子生还！"众人大为惊骇，于是将棺材放置在道旁。打开棺材后，程玠以针刺其胸部穴位，妇人忽然开口说话。其家人相抱，悲喜交集，以为医神。程玠还能造木牛木马，夜不闭户而盗贼不敢侵入。程玠研究张仲景伤寒论颇有心得，提出了"杂病准伤寒治法""心肺同治""同方异治"等观点。程玠治病重诊脉，他强调说："治病之要，不过切脉、辨证、处治三者而已。三者之中，又以切脉为先。"

程玠次子程枢（1456—1524），字民极，继承父业，编入太医院名籍，精太素脉诀，以医擅名，却蔼然待人，为病者施药不倦。程枢长子程伭绥（1482—1558），字元彰，亦以医名，为人治病从不求报。程枢次子程伭弁（1486—1556），字元贵，郡庠生，晚年也开处方替人疗治疾病。程玠一家可谓世代良医。

程玠侄孙程衍道（1594—1654），字敬通，秉性纯白，深远宏大，居家孝友，读书颖悟，由杭州郡庠充国子生。及游艺医林，名擅江浙一带。其指脉视病，问审端详，反复精思，唯恐有误。衍道生性沉静寡言，即使是诊治久病之人，亦声色不动，投剂立起，所活无数，名满天下。凡有延请，从不推诿。登门候诊者常丛集，从容按诊，候十余人诊毕，方徐执笔一一立方，神气暇逸，了无差错。所疗治奇验甚多，患者望之如望岁。医人贫贱，从不厌怠，得金则赡贫乏。城西古虹桥重修，程衍道捐千金助修，徽州知府张学圣旌表题额"竭力济人"。所撰《心法歌括》，以症统方，据症析因，阐明病机。与门人程林、郑康宸校勘重刻唐代王焘《外台秘要》40卷，相国方逢年作序称其为"医侠"，金声（字正希）作序称其为"醇儒"，唐晖作序赞曰"日出治医，日晡治儒；出门治医，入门治儒；下车治医，上车治儒"。晚年倡修族谱，大举肩任，惜未完成就因劳累而亡。

程衍道全家行医，长子程龙锡，字为光，继承父业，声名显著；次子程圣锡，字为希，邑庠生，亦是悬壶济世；三子程仁锡，字为恕，扬州行医；四子程晋锡，字为昭，杭州业医，五子程坤锡，字为载，在家乡行医。程林是程衍道从侄孙，少时从叔祖程衍道习医十余年，尽得真传秘授，能起人于死地，人们争先延请，忙碌奔走，难得休息。著有《伤寒论集》《程氏即效方》等。程林子名其武，字与绳，传其学。

乡贤是榜样，乡贤的言行往往比空洞的理论说教更有说服力。元末明初，槐塘有位程璲寿（1319—1392），他选取槐塘十二位乡贤事迹挂于壁间，逐节论之。涉疑处，访朱升、郑玉、唐白云三先生以核实，搞不明白不罢休，以此教育子弟。程璲寿尝教育族中子侄说："人生世间，如白驹之过隙尔，苟不及时努力，悔无及矣。"程璲寿晚年仍然好学，太阳偏西则叹道："槐荫转阶庭，又是一日过。"槐塘后裔把程璲寿的话当作陪粮歌，脍炙人口。槐塘程氏"不为良相即为良医"的诚言，槐塘人至今仍然常常提起。

下编

陶行知：追求真理做真人

陶姓以山东定陶为发祥地，两汉以后，子孙播迁江南各地。明正德五年（1510），陶明子自浙江绍兴府陶家堰迁居歙西古溪，为新安陶氏发轫。至陶行知这一代已经在徽州大地生活了五百多年的时间。《新安陶氏族谱》谱叙开篇记载："国有史，家有谱，其义一也。朝廷之事，皆载于史，所以教忠义；宗族之伦，皆志于谱，所以教孝悌。""乌知积人为家，积家为国，人各治其家而天下已大治。"开宗明义，要求陶氏子孙恪守族规家规，传承优良家风。

陶行知（1891—1946），原名文濬，笔名梧影、何日平、不除庭草斋夫等，歙县黄潭源人，人民教育家、思想家，伟大的民主主义战士，爱国者。陶行知小时候家庭贫寒，其母亲是传统的徽州女性，陶母的勤俭节约是陶家的楷模，"吾母治家，最为勤俭，连剃头都是她一人包办。这把剃头刀现在成了吾母最可纪念的传家宝。勤俭持家的传统代代相传。"陶先生深情地写下了《吾母所遗剃刀》一诗："这把刀！曾剃三代头。细算省下钱，换得两担油。"有人说，陶行知办晓师、住牛棚，是过野人生活。而陶行知说："我从野人生活出发，向极乐世界探寻"。陶行知在创办晓庄学校选校址时，在乡下六个人打地铺，和牛大哥同铺，睡在稻草上，暖和得很，自诩比钢丝床还有趣。陶行知还把这件事写信告诉儿子，教育他们自己的事自己干，衣服要学洗，破了要学缝，烧菜弄饭都要学。对于垫被，根据实际情况建议不用棉絮，改用散草代，"垫被用散草代很软很暖，定期在大太阳中晒而复晒，可免跳蚤。总之，可省则省，而且必省，使得别的要务可以有钱举办。望停止做垫被，统一散稻草替代。"厉行节约，反对浪费是中华民族的传统美德。陶家人从小事做起，传承优良家风。

陶行知像

　　陶行知主张学做真人。"教育就是教人做人，教人做好人，做好国民。"陶行知强调做自食其力的"人中人"，不做骑在老百姓头上作威作福的"人上人"，也不做失去自尊心和自信心而甘受奴役的"人下人"。在教育应该培养什么人的问题上，陶先生反对和否定"人上人"的教育，认为教育要为中华民族培养"人中人"，使每位"人中人"都过上"一手拿面包，一手拿水仙花"的理想生活。学做真人是建立在立德树人、自立立人的基础之上。立人，怎样立人？陶行知写了一组《自立立人歌》，其中第一首诗写道："滴自己的汗，吃自己的饭，自己的事自己干，靠人、靠天、靠祖上，不算是好汉。"自己干活养活自己，不当寄生虫，不做啃老族，不拼爹，这样的人才算是有本事的人。我们应时刻牢记陶先生的谆谆教诲，做事先做人，把自己修炼成"真人"。陶家的子孙辈，无论在本地还是在外地，无论从事什么工作，都踏踏实实地为国家为民族做出了贡献。

陶行知公私分明。他对公款与私款有一段精辟的论述："公私之间应当划条鸿沟，不使他（它）有毫厘的交通。公帐（账）混入私帐（账），就是混帐。公民不但自己不混帐，并且反对一切混帐的人。"对待公物和私物也是一样，公私分明。怎样做到"划分公私界限""苟非吾之所有虽一毫而莫取"呢？陶先生对"莫取之义"解释有三："一不愿取，二不可取，三不敢取。使人不敢取是刑法之事，使人不可取是会计严谨之事，公民教育之事乃在使人自得一种不愿取之精神。"

陶行知一生创办了许多私立学校，为了工作方便，他特意为自己缝制了一件"工作服"：上衣上缝了两个口袋。一只袋放公款，一只袋放私款。有一次他去募捐，在归途搭车时，由于太拥挤，他忽然感到一个口袋被人动了一下，用手一摸，不好！钱被偷了。他急得满头大汗，摸摸另一个口袋，他乐了，公款还在。自己的私款一分也没有了，尽管疲惫不堪，他仍坚持从十几里外步行回校。按常人的思维，陶行知完全可以先把募捐来的钱拿出来垫用，回到学校后再补上，也是无人知晓，再说根本没有人知道这一趟他到底募捐到多少钱，可陶先生就是这样公私分明。两个衣兜的故事彰显了陶先生一身正气，两袖清风。

陶行知要求孩子追求真理做真人。1940年冬，陶行知次子陶晓光，随无线电专家倪尚达到成都一个无线电修造厂学习、工作。刚进厂时需要有一张学历证明书，但因其没有正规学历，于是晓光写信给育才学校副校长马侣贤，向他要一张毕业证明书。证明寄来了，没等晓光交给厂里，父亲的急电到了。陶行知在信中严厉阻止晓光用此证明，并要他立即将证明寄回。接着又发来了一封快信，信上说："我们必须坚持'宁为真白丁，不做假秀才'之主张……总之，'追求真理做真人'，不可有丝毫的妥协。你若记住这七个字，终生受用无穷。望你必须努力朝这方面修养，方是真学问。"信中还附来一张如实反映陶晓光学历资格的证明。此后，"追求真理做真人"成了陶晓光的座右铭。在儿子利用假文凭获取工作这件事上，陶行知坚持不让步，在严厉批评的同时，教育孩子"宁为真白丁，不做假秀才"，这就是陶家教人求真的典范。

陶行知倡导新风。他主张厉行节俭，摒弃传统陋习，比如人的生老病死，结婚乔迁新居，居家过日子，各地都有风俗习惯，礼尚往来人之常情，传统习俗根深蒂固，有些家庭人情债旧账未还新账又欠，造成浪费。对于大肆操办婚事，陶行知"拒绝参加，就是好友，也毫不通融。在结婚的喜事上，还要讲排场，彼此争风，简直是罪恶。穷光蛋结婚自不量力，甚至于借恶债来和富人比赛，不但是可笑，而且是可怜，这种婚礼不能使我高兴。"陶行知针对时弊，毫无保留地提出自己对婚事的看法："结婚给人看，无钱怎么办？借钱办喜事，办了喝稀饭。"1939年12月31日，陶行知先生与吴树琴结婚，古圣寺附近的一座碉堡就成了他们度蜜月的新房。

陶行知曾写过一首《薄殓歌》："出丧给人看，无钱怎么办。驼债办丧事，办了己讨饭。"表明了自己的观点，他反对厚葬，倡导少花钱办丧事，文明丧葬，陶先生写这首歌的宗旨，也是要宣扬厚养重于厚葬的意义。

陶行知对大肆操办生日宴深恶痛绝，曾创作《做生日》歌一首："阔人做生日，急煞穷亲戚。不送寿礼难为情，送了自己没饭吃。大官做生日；小官心里急。寿礼顶少送一十，一月薪水去半壁。"一针见血地指出了当时社会各界人士对歪风邪气的无奈心态。

陶家家风正、家教严是徽州众多家族的一个缩影。"天下之本在家"，正是千千万万家庭的好家风支撑起全社会的好风气。

黄宾虹：不以名利作画

　　黄宾虹（1865—1955），歙县潭渡人，原名懋质，名质，字朴存、朴人，亦作朴丞、劈琴，号宾虹，别署予向、虹叟、黄山山中人等，新安画派一代宗师，"千古以来第一用墨大师"。中国近现代美术史上的开派巨匠，与齐白石有"南黄北齐"之称。少时临摹沈庭瑞山水册，24岁时赴扬州，师从郑珊习山水、陈崇光习花鸟。他在90岁寿辰时，被授予"中国人民优秀的画家"荣誉称号。其作品有《黄山画家源流考》《虹庐画谈》《古画微》《画学篇》《金石书画编》《画法要旨》等，与邓实合辑《美术丛书》，并有辑本《黄宾虹画语录》。观其一生，有着许多的闪光点。其中最为突出的就是他的家国大义、民族气节，不向权贵低头、不以名利作画；在艺术上，他总是孜孜以求、永不懈怠，承袭传统又有致力革新的信心和决心，笔墨之下是浓浓的桑梓情怀。

　　同治四年（1865），黄宾虹出生于浙江金华，自幼喜爱绘画。6岁初入蒙童馆，见馆中悬有山水画作，竟能在画作前一站数十分钟而不移位。上课时，使用毛笔在习字本上临摹脑中所记，从线条到布局，竟能画出五六分相似度，这让倪谦甫、倪逸甫两位私塾先生不住称奇。二倪也是当时的书画界名流，遂在教授传统的四书五经之余，特地为黄宾虹开了"小灶"，教他兼习诗文、书画，引导他逐步走卜艺术之路，成为黄宾虹艺术生涯中影响最大的启蒙恩师。

　　黄宾虹之父黄定华，天资聪颖，得到其在潭渡教授他的恩师的青睐，将女许配给他。黄定华14岁时，到浙江金华经商。其原配夫人，在太平天国兵燹中，为保名节跳塘自尽，后续弦金华方氏，长子便是黄宾虹。黄定华经营日杂百货，还开过钱庄，生意兴隆，有了一定的积蓄后，遂回报社会，赞助过南京的歙县会馆，倡修祖祠春晖堂，捐资助修家乡三元桥，黄宾虹称其父："凡于义举，及周人缓急，无不慷慨。"

正是在这样的家风熏陶下，黄宾虹对家乡有一种浓浓的爱和乡愁。地处丰乐河边的恬静山村，虽然不是自己的出生地，却是自己的根脉所系。12岁返回故土，没有丝毫的生疏与违和。成人后，为了解决河边田地灌溉，他与邻村郑氏人家联合出资，在家乡丰乐河上修建拦河坝，灌溉农田千余亩，为乡人敬重。

19世纪末20世纪初，清廷日趋羸弱腐败。其父亲黄定华原本为其铺就的是一条科举之路，黄宾虹也在院试中拔得头筹。可是，处在一个腐败没落的时代，他的科举梦想被早早地断绝了。特别是"戊戌六君子"因变法惨遭杀害的消息传到潭渡时，黄宾虹为之恸哭。作为知识分子，黄宾虹感同身受，一直想着通过自身的努力，为积贫积弱的国家做些事情。为此，他积极投身革命，光绪二十九年（1903）为同盟会铸私钱遭清廷通缉，遂潜逃上海。两年后，黄宾虹再次返回故里，支持家乡教育事业。光绪三十一年（1905），回歙县暂居的黄宾虹先在许承尧创办的新安中学堂任国文讲席；次年得族人支持，腾出自家"怀德堂"三门厅，牵头创办"惇素初等小学堂"，兼任校长。此学堂新中国成立后改名为"歙县潭渡完全小学"，后改为"潭渡小学"。

黄宾虹在上海足足待了30年，他把所有的精力都用到了笔墨艺术上。其早年绘画技法，博采众长，重视章法上的虚实、繁简、疏密的统一；用笔如作篆籀，遒劲有力，有纵横奇峭之趣。新安画派疏淡清逸的画风对黄宾虹的影响是终生的，60岁以前是典型的"白宾虹"。

客居沪上，黄宾虹依旧表现出了艺术家的国家大义、民族气节。民国十二年（1923），58岁的黄宾虹在所撰的《宾虹画语》中写道：

"画者未得名与不获利，非画之咎。而急于求名与利，实画之害。"他对那些汉奸卖国贼和不学无术附庸风雅的权贵们，是从不买账的。据说那时有一个大权贵做六十大寿，曾派人索画，并规定落款的格式，结果被他拒绝。但是，到了新社会，人民当家作主，欣逢盛世，他创作了不少热情歌颂新中国的诗画，当毛泽东主席六十寿庆时，他很高兴地作了一幅《南岳山水图》并附诗，托人转送给毛主席。

黄宾虹曾两次自上海至安徽贵池等地写生，对其画风产生巨大影响，逐步从"疏淡清逸"向"黑密厚重"转变，绘画风格由"白宾虹"逐渐向"黑宾虹"过渡。

行万里路，读万卷书。民国二十二年（1933）四月的一天，黄宾虹行游四川青城山，登山时春雨磅礴，雾霭升腾，青山流水弥漫其间。黄宾虹被眼前景象吸引，浑身湿透亦不自知。除了微妙变幻的群山，就连路旁的一间草舍也成了他的观察对象，只见雨滴沿墙壁而下，形成了"屋漏之痕"。"雨淋墙头屋漏痕"，就是黄宾虹青城山之游的一大感悟。上得山来，换上衣服后，竟是连续作画十余张，默记途中所见所思。

黄宾虹在青城山一待就是月余。这期间他在山上寺庙见过一幅宋画，全为密密匝匝的点皴之法，这也成了他的第二大收获："沿皴作点三千点"。第三大收获就是"瞿塘夜游月移壁"了。黄宾虹原本打算到白帝城去看看杜甫遗迹，却在过瞿塘时的一次夜游改变了计划。黄宾虹夜游时月光明灭变幻，壁上形色亦随着光影刹那变化。黄宾虹悟到了"月移壁"的精髓，一时兴奋不已，遂放弃白帝城之行，返回上海。这一年，黄宾虹68岁。这个时候起，一直到他80岁，均为白转黑的一个漫长过程。

"沿皴作点三千点，点到山头气韵来。七十客中知此事，嘉陵东下不虚回。"黄宾虹为青城山一游，写下了这样的诗行。十余年后，代表着一个艺术新时代的"黑宾虹"风格应运而生。

古稀之年的黄宾虹迁居北平，被聘为故宫古物鉴定委员，兼任国画研究院导师、北平艺专教授。11年后，从北京返杭州，任国立杭州艺专教授，参加了全国政协第一届三次会议，与毛主席、周总理见面并交谈甚洽。之后白内障恶化，双目几近失明，但仍然作画不辍，画风一新，被中国美术工作者协会授予"中国人民优秀的画家"称号。

一个伟大的艺术家，他的思想首先是超前的，因此不为当时的人们所认同；一个伟大的艺术家，他的技法必然是跨越时代的，因此才能在历史长河中留下浓墨重彩的一笔。

转变成"黑宾虹"的黄宾虹，在自我探索的艺术之路上越走越高，越走越远。而他也不得不接受，不为当时时代所认同带来的"尴尬"。自然，黄宾虹并没有因为世俗的眼光而停止自己前行的脚步。为此黄宾虹自嘲道："我的画作，在我辞世50年后，就会热闹起来。"黄宾虹之言，一语成谶。

随着年龄的增长，黄宾虹山水画作越发沉雄博大、浑厚华滋。即便在他生命的最后时刻，老人家还在研究如何把墨色与颜料融合使用，从而增添画作的厚重感，并在人生的最后关头，留下绝笔之作《黄山汤口》图。1955年3月25日，黄宾虹病逝于杭州，家人秉承其遗愿，将其存留的五千余件作品及一万余件文物、手稿等遗物悉数捐献给国家，由浙江省博物馆收藏。

2005年，黄宾虹辞世50周年之时，沉寂多年的书画市场开始火爆起来。2017年6月19日，黄宾虹摹写家乡的《黄山汤口》图，因其笔锋精严、山势奇绝壮丽，拍出了3.45亿的天价，刷新了黄宾虹作品的拍卖纪录，其艺术价值得到书画市场的充分认可。

黄宾虹故居内景

莫道群峰不留客，且作冰上鸿飞人。鸿飞冰上，因其环境恶劣不可停歇，终需不断发力飞翔。宾翁一生徜徉艺术海洋，致力艺术创新，从未有过停歇，终成一代大家。宾翁的探索求真精神，值得我们永远遵循。

汪采白：努力作画 资助办学

汪采白（1887—1940），名孔祁，字采白，一字采伯，号澹庵、洗桐居士，歙县西溪（现为郑村镇郑村村）人，现代著名画家，新安画派现当代重要传人，被人称为新安画派的"殿军"。汪采白历任北京高等师范学校图画教师、安徽省立第二中学校长、中央大学国画系主任、北平艺专国画系教授等职。其画作古雅清逸，形神兼备，在近代画坛上别具一格。著名学者胡适评价说，"用青绿写他最熟悉的黄山山水，胆大而笔细，有剪裁而无夸张，是中国现代画史上的一种有意义的尝试。"

汪采白像

汪采白是继渐江、梅清、石涛之后擅长画黄山的又一代表人物，他用传统的青绿法表现黄山，给中国画坛注入了一股清新之气。时人诗曰："西干山上两名师，渐江采白三百年。"将其与"新安画派"的领军人物渐江并提，足见汪采白在新安画史中地位之重。汪采白又以人品高尚著称，富有民族气节，为时人称颂。

汪家是徽州的大姓，有"十姓九汪"之称。光绪十三年（1887），汪采白出生于西溪，祖父汪宗沂是清末翰林，有"江南大儒"之称。父亲汪福熙，任职于天津北洋大学堂，精四体书，擅古文诗词。汪福熙治家甚严，膝下有二男一女，都受到良好教育。汪采白小时候居住的厅堂就悬挂着父亲手书的"读有用书，行无愧事"对联，并以此为家训。

光绪十七年（1891），5岁的汪采白师从黄宾虹习四子书，兼习书法。在汪福熙眼里，黄宾虹是他父亲汪宗沂最好的学生，富有新思想。黄宾虹家潭渡与西溪毗邻。汪采白从5岁到近20岁的十多年间，跟随黄宾虹读书、习字。汪采白扎实的古文功底，得益于黄宾虹对传统文化的重视。

光绪三十年（1904），汪采白曾随黄宾虹游歙南石耳山，黄宾虹作画多帧。汪采白对此颇有兴趣，遂开始习画。父亲发现汪采白有绘画方面的天分，来信鼓励他好好学画，要一步一个脚印地从工笔开始。这封信成了汪采白走上艺术之路的最大鼓舞。光绪三十二年（1906），20岁的汪采白入郡城崇一学堂，这是一所基督教教会开办的学堂，开设的课程有国文、英文、数学、理化、生物等。

汪采白在崇一学堂刻苦学习，不负所望，取得了优异成绩。光绪三十三年（1907），崇一学堂送走了首届16名毕业生，其中有陶行知、姚文采、洪范五等，他们中的多数人都成了汪采白的终生挚友。后来陶行知成了伟大的教育家，姚文采跟随陶行知从事教育事业成就斐然，洪范五成了中国近代图书馆事业的奠基人。

汪采白自崇一学堂毕业后初读于南京矿业学堂。光绪三十三年（1907）10月改入两江师范学堂图画手工科。走上绘画艺术之路，并非他的初衷。一开始汪采白想同几个叔叔一样从军报效祖国，入陆军小学堂徐锡麟门下学习。后因徐锡麟刺杀恩铭事败，老师黄宾虹密谋革命事发，从军之路就此堵死。之后的学医之路、留学之路，均因志趣和经费等原因而放弃。即便如此，依旧没有影响汪采白追随时代热潮的一腔热情。

斯时，汪采白的叔父汪鞠友和两江师范学堂的创办者李瑞清交情甚笃，二人多有书画唱和。后来汪采白参加了两江师范学堂图画手工科二年级的插班考试，以第一名的成绩考入两江师范学堂。

清末民初著名教育家李瑞清于光绪三十二年（1906）在两江师范学堂率先开设图画手工科，为我国培养了第一批艺术教育师资，开创了我国高等师范学校设立艺术专科的先河，是中国美术教育史上第一个新型高等美术师范系科。李瑞清认为废科举，兴学堂，需要大量艺术师资，与其耗巨资派遣留学生，不如添加艺术专科，聘请少数外国学者来中国教学，更为经济方便，于是呈学部"竭言极应添图画手工科"，并获批准。

自小打下扎实古文基础，接触到新信息、新知识的汪采白，从此走上了绘画之路。在两江师范学堂读书期间，汪采白在书画诗文方面受李瑞清影响很大，其画作在南京劝业会上获得了优等金牌奖，还曾为李瑞清画过一幅仿黄鹤山樵巨幅山水，可见师生情深。经过三年的学习，汪采白结识了一大批师友，开阔了艺术眼界，为他以后的艺术创作打下了扎实基础。汪采白毕业后照例要到北京参加学部的复试。当时清政府已废除科举，但对于那些新式学堂毕业的大学生，清政府还要再次统一组织考试，汪采白就是经过这次部试颁给了举人的身份。

从两江师范学堂毕业后，汪采白利用现代化的测绘手段测量黄山及歙县全境。此次活动历时三年，也正是这次测绘给了汪采白真正亲近黄山、亲近家乡的机缘。宣统二年（1910），汪采白曾游历过一次黄山，并于次年作《秋江晚照图》。民国元年（1912）10月20日，由小源入黄山，沿途拍照，汪采白为迎客松拍下了照片，使其第一次进入镜头与世人见面。后许承尧编纂民国《歙县志》卷首附《歙县全图》即以此次实测所绘之图为蓝本，经张沐棠绘制而成。这次进入黄山不仅仅是游历，野外测绘是一项极其艰苦的事，跋山涉水，朝夕奔波，荒村野店，随地住宿，甚是苦累。而汪采白的心却是亮堂、舒畅的，为家乡做一件有意义的事，再苦也值得。

民国十年（1921），汪采白在武昌高等师范学校执教6年后，入聘北京高等师范学校任职。两年后，北京高等师范学校更名为北京师范大学，成为中国历史上第一所师范大学。汪采白任教期间，时间相对宽裕，常至故宫观赏、临摹历代诸家名作，画境日见开拓，创作日益丰富，同时结识了王雪涛、吴镜汀、吴光宇、汪慎生等书画界朋友。

"转忆故乡山色好，相关更在练溪西。"这段时间，汪采白以黄山为题材的山水画作不断涌现。黄山不仅是他的造化之师，更是他心灵的归宿，如同他的老师黄宾虹一样，开启了"貌写家山"的征程。却因时局混乱，政府腐败，在京学校无钱发薪，大多停课。民国十四年（1925），汪采白目睹军阀混战，作《山水图》以寄情，款题"寄迹京华，瞬息数载，耳目所接，不能成欢。漫写此帧，以寄感喟"。

民国二十二年（1933），日寇占领华北后，汪采白曾作《风柳鸣蝉图》以抒心意，画作展出后被德国公使订购。一日本商人也愿出巨金，要他再画一幅，被他愤然拒绝，曰"我非机器也"。同窗好友陶行知称誉汪采白"行止有耻"。

汪采白画作

　　"昨宵卧听帘纤雨，忽忆江南半亩居。手种芭蕉三两树，近来新绿到窗无？"汪采白居京日久，思乡之情溢于诗画之中。抗战爆发后，汪采白自北京南下返乡，在西溪汪氏祠堂筹办剑华小学。该校由汪采白长子汪勖予任校长，汪世清也到剑华小学任教。为解决办学经费，汪采白努力作画以充之，并积极参加抗战工作，为难民难童作画举行义展义卖。民国二十八年（1939）夏，不幸被毒虫所咬，遂致感染，后被庸医所误，病情恶化，于次年7月23日溘然长逝，终年54岁。

张翰飞：爱国助人　忧国忧民

张翰飞（1884—1939），名鹏翎，别号黄山居士，歙县定潭人。其父张训臣为前清举人，书法大家。张翰飞早年毕业于新安中学堂，民国初年北上，任铁道部沿线出产货品展览会总务主任、北京《晨报》编辑等职。

张翰飞而立之年始学绘画，博采历代各家之长，进步神速，画艺精湛，擅山水，亦写花鸟、兰竹，为中华书画研究会会员。张翰飞诗书亦佳，诗宗唐人，真草隶篆四书俱擅，尤工章草。因其书画艺术上的巨大成就，张翰飞与黄宾虹、汪采白一起被世人誉为"新安三雄"；又因其子张君逸、其孙张仲平均为丹青妙手，祖孙三代合称"新安三张"。2007年，由合肥市委宣传部等单位牵头评选"安徽百位文化名人"，在中国美术史上有着重大影响的新安画派画家张翰飞，与新安画派创始人渐江、同时代的黄宾虹和汪采白共同入选，四人均为歙县人，其中张翰飞为翰林院出身。著名画家、美术评论大家孙克，评张翰飞的作品时称："结构严密，笔墨精湛，气象万千，其功力修养堪与黄宾虹中年之作相伯仲，而居乎上。"

张翰飞画作

定潭居昌源河末端，距古徽州重镇深渡仅 2.5 公里，地理位置优越。元末明初时张氏迁入定潭，渐成村中望族。出身于诗书世家的张翰飞，打小就怀揣着科举之梦。20 世纪初，清廷便已宣布废止科举，天下举人意见纷纷。为此，光绪三十三年（1907）清廷决定举行举贡会考选拔人才，重新点燃了读书人通过科举入仕的梦想。一个冬日的清晨，昌源河云蒸雾绕，清冷而迷蒙。歙县名儒张训臣带着家人在定潭码头，送别其子张翰飞、其婿吴承仕。这一天，张翰飞、吴承仕从皖南歙县赶赴京城，参加朝廷的春闱科考。他们将走进保和殿，以其所学搏一个好前程。不久消息传来。清廷这一年科考共录取 367 人，其中吴承仕考取一甲第一名，是为朝元；张翰飞考取一甲第 20 名。这一振奋人心的消息，让昌源河畔的小山村热闹沸腾了起来。

此后，张翰飞进入翰林院，与一批满腹经纶的进士共事。翰林在知识界享有崇高声望，对社会的方方面面发挥着巨大影响力。虽然说翰林院制度不是始于清代，却以清代最为完备，资料最为丰富，机构最为庞大，品秩最为显赫，规模最为壮观，是集历代大成的产物。而这样一个机构，天天与书籍打交道，显得清闲自在。张翰飞在这里接触到了丰富的名家字画，翰林院如同一座宝库一般吸引着他。那些日子，张翰飞如醉如痴，像入魔一样研究、临摹各大家的真迹，开启了全新的人生艺术之旅。面对摇摇欲坠的朝廷，张翰飞亦不再有任何的仕途升迁之愿，而是把满腔的热忱投入到自己喜爱的书画艺术之上。在翰林院，他见得最多的便是清初画坛王时敏、王鉴、王翚、王原祁"四王"的作品。他们技法功力深厚，对宋元各家各派有深入了解，画风尚古，技法娴熟，学力性灵，两得神妙。张翰飞苦心临习，随后又将眼光转向艺术追求上与"四王"迥然不同的四位僧侣画家：朱耷、石涛、弘仁、髡残。正是在博采众长的艺术海洋里不断游弋、吸收，通过自己的感悟、理解、融会贯通，张翰飞的绘画技艺和理论水平得到了飞速进步。

在京期间，张翰飞居住在地处宣武门外大街歙县会馆后院。歙县会馆是北京最早的会馆之一，为徽州举子进京应试和宦绅在京候差求官者提供的寓所。这里不仅是徽商集结之所，还是徽籍官僚、名人云集的地方。

张翰飞在歙县会馆结识了众多英才，经常与陈师曾、王梦白、张大千、汪采白等一起论道，时有书画方面的唱和，留下了一段段佳话。民国十八年（1929），民国首届美术大展在上海隆重举行，来自全国各地不同门类的505位画家参加这次大展，其中包括国画名家齐白石、黄宾虹、张大千等170余位。在这次大展上，张翰飞的两幅国画作品荣获大赛最优奖，成为最耀眼的艺术家之一，名噪京沪。

中国近现代学者、书画家、社会活动家、收藏鉴赏家叶恭绰，与张翰飞交谊深厚。叶恭绰担任铁道部部长后，聘任张翰飞为高级助理，策划了"铁展会"，影响深远。"铁展会"是指民国二十二年至二十四年（1933—1935），由铁道部举办的连续四届铁路沿线出产货品展览会，以宣传国货为号召，以促进沿线实业发展为动机，以复兴铁路运输事业为最终目的，它向世人展示了铁路部门变被动经营为主动经营的决心，对沿线农工商业的发展，各地商品的流通起到了一定的促进作用，加强了铁路部门与社会各界的交流。张翰飞在策划"铁展会"上，展现了自己的组织协调能力和金融运营能力。

民国二十四年（1935），张翰飞在北京、上海、南京、武汉等地出版发行了自己的山水专集并举办画展。画展每到一地，作品便被高价抢购一空。他的大幅画作每张卖出了120块银元的高价，每张小幅画作售价也高达60块银元，轰动大江南北。陈师曾、黄宾虹、汪采白、王梦白当时就称赞他诗、书、画"三绝"，其实他在制印上也非常了得，被誉为"第四绝"。

张翰飞有着浓浓的家国情怀。早在五四运动时期，他就利用自己的关系和影响营救了一批被捕的爱国青年。民国二十六年（1937）抗战爆发后，有关部门以高薪为诱饵，叫张翰飞去为日本人当翻译，遭到了严词拒绝。为了躲避敌人的迫害，张翰飞潜回家乡定潭，一方面出资创办定山小学（今定潭小学的前身），还与人合作创办了深渡中学，不遗余力地支持家乡教育事业，他还积极参与一些当地的社会活动、发传单、作演讲，唤醒民众；另一方面，张翰飞以黄山及新安山水为师，描绘祖国的大好河山，完成了多幅精品山水作品，以此激发社会各界的爱国情怀。民国二十八年（1939），张翰飞劳累成疾，不久辞世。家乡父老及社会各界为其痛悼。

张翰飞之子张君逸（1905—1969），先后求学于清华大学与燕京大学，获双学士学位。幼年受父亲影响，即显露出绘画天赋，又得宾虹、采白等名家指导，善于吸收各家之长，创造自己的风格，构图新颖，挺拔俏丽，秀逸清幽，山水、花鸟俱佳。抗战时期，张君逸回到家乡，做了抗日将领唐式遵上将的秘书，并为其在黄山石崖上题写了"大好河山"四个大字。

　　张翰飞之孙张仲平幼承家学，在祖父、父亲的基础上，有着自己独到的创新，作品主要以黄山为题材，笔墨上汲古人之长，推陈出新，气吞万象，生机勃勃，包含着浓郁的生活气息与时代特色。20世纪80年代，时任安徽省委书记张劲夫出访美国，携张仲平山水画作作为国礼相赠。

　　2018年4月20日，"翰逸神飞——新安张翰飞、张君逸、张仲平三代书画展"在黄山市安徽中国徽州文化博物馆拉开帷幕，祖孙三代的山水画作精品汇集一处，让家乡父老重温清末、民国直至当代的书画佳作，成为新安画派不可多得的丹青盛事。

张曙：用音乐鼓舞人心

张曙（1908—1938），原名恩袭，歙县坑口乡柔川人。民国十六年（1927）考入上海艺术大学，次年考入上海国立音乐学院。在此期间，张曙加入了田汉领导的"南国社"。民国二十二年（1933），张曙加入中国共产党。这一年，他与聂耳、任光等人组织了左翼音乐团体"苏联之友社"音乐小组，研究探讨中国歌曲创作的发展道路，并积极投入社会上的革命音乐活动。

民国二十六年（1937），他与冼星海等人组织了"中华全国歌咏协会"，翌年与冼星海等人在武汉、桂林等地积极开展抗日救亡歌咏活动。张曙用音乐作为自己的武器，在血与火的锤炼中冲锋陷阵，成为中国文化战线上的一员猛将。

卢沟桥事变后，与田汉一起创作了话剧《卢沟桥》《小放牛》《最后的胜利》，谱写了《日落西山》《洪波曲》等一系列气壮山河的抗战歌曲。民国二十七年（1938）12月24日，张曙与爱女张达真在日本飞机轰炸桂林时不幸牺牲，年仅30岁。他如同一团火，燃烧自己照亮黑暗；他如同一缕光，温暖寒夜慰藉苦难；他吹响号角，唤醒大众沉睡的心；他挥舞旗帜，唱响时代最强的音。

张曙故里柔川村，原属薛源，21世纪初薛源村并入坑口村，改行政村名为薛坑口。历史上，柔川出过诸多先贤。这样一个藏在新安江腹地的秀丽村子，孕育出了一个名叫张恩袭的后生。民国二十九年（1940）9月3日，在重庆召开追悼张曙牺牲的纪念会上，周恩来在讲话中指出："张曙先生和聂耳同为中国文化战线上的两员猛将……给全民的抗战起了很大的推动作用……这功绩是永远永远不可磨灭的。"对张曙一生作出较高的评价。

张曙故居内景

张曙因在上海教唱民众进步歌曲，获"教唆罪"两次入狱之后，毅然把名字改成了张曙。一个"曙"字，代表着即将到来的光明。他要让自己成为茫茫长夜里的那道曙光，为长期处在黑暗中的民众指引一条光明之路。

位于村中溪边的张曙故居为清代建筑，占地600多平方米，至今已有400多年历史。张曙100周年诞辰之际，在省市县有关部门的大力支持下，当地筹资60余万元，对张曙故居进行维修保护，使其重现了昔日光彩。歙县县委、县政府又在县城丰乐河入练江的南岸，修建了"张曙音乐广场"，隆重纪念这位红歌猛将。张曙12岁那年外出求学，之后仅回过两次家。

时至今日，柔川村中难以找出熟识张曙的故人，就连年逾古稀的侄子张凤山和曾外甥江卫平，对这位长辈一星半点的了解，也是从祖辈的口中听来的。张曙短暂光辉的一生，留给滋养他成长的这片土地的，只有日渐模糊的记忆和来自外面世界的点滴讯息。

张凤山与叔叔张曙从未谋过面，他认为叔叔性格的形成与家规家训家风是分不开的，其中关键的一条就是时常挂在祖父口中的"坚决不能做亡国奴"。不做亡国奴，就得拿起武器与凶残的敌人作坚决的斗争。

张曙出生在一个徽商家庭，家底殷实。他在上海两次入狱，家人花巨资才保他出来，让一个殷实之家也变得捉襟见肘起来。即便如此，为了革命的需要，张曙还是把父辈经商积攒的大量银元拿出去支援革命。张曙在革命上是不计得失的，不仅舍得金钱，还舍得付出宝贵的生命。

张曙诞辰已逾一个世纪，加之年轻时辞世，知道他革命事迹的村民，随着时间的推移，也就越来越少。他的曾外甥江卫平扛起了宣介的大旗。江卫平是退休教师，有着一定的文化素养。在他的引领下，柔川村民成立了宣介张曙的演出队伍，由江卫平教唱张曙谱写的革命歌曲，在周边区县、乡镇、村落巡回演出，让张曙的事迹走进千家万户。

张曙从小受家乡徽戏乐曲熏陶，8岁时就能操琴为徽戏伴奏。有一次，家乡剧团正在演出时，突然二胡断了一根弦，拉二胡的村民一下子慌了神。正在看戏的小张曙立马站了起来，走上后台，接过那把断弦的二胡拉了起来。他仅用一根弦拉满了一场戏，也从一个侧面见证了他独具的音乐天赋。民国九年（1920），12岁的张曙在家乡读完小学后，到父亲经商的浙江衢州继续求学，完成了中学学业。在这期间，他一直坚持着自己的爱好，天天练琴、拉二胡，谱曲、作词，从未间断。民国十六年（1927）后，张曙师从中国戏剧三大奠基人之一的音乐家田汉，勤奋学习音乐，随后走上抗日救亡道路。张曙短暂的一生，写下了300多首革命歌曲。可惜的是，这些歌曲大多葬身战火，目前传世的仅有30余首。

"日落西山满天霞，对面山上来了一个俏冤家；眉儿弯弯眼儿大，头上插了一朵小茶花。哪一个山上没有树？哪一个田里没有瓜？哪一个男子心里没有意？要打鬼子可就顾不了她……"这首名为《日落西山》的抗战歌曲，由田汉作词，张曙作曲，浓郁的生活气息中，彰显的是仁人志士在民族大义面前先国后家的革命情怀。

20世纪30年代的上海，各方势力盘踞，社会动荡。有一回，一衣着笔挺的日本人，从面包车上下来，挂着文明棍不付车费就准备离开。面包车夫小心向他讨要车钱。日本人恼羞成怒举起文明棍要打面包车夫。棍子落下时，被一只有力的手抓住了，那就是张曙。张曙夺过文明棍扔在地上，随后一把抓住日本人的领口，痛斥日本人说："上海是中国人的上海，容不得你在这里横行霸道！"日本人见势不妙，只好乖乖地付了车费悻悻离去。

民国二十七年（1938），张曙来到武汉，与冼星海等人发起组织"中华全国歌咏协会"，加入国民党军事委员会政治部第三厅工作，组织抗日歌咏运动并创作抗日歌曲。他们在武汉举行"抗战扩大宣传周""七七抗战周年纪念歌咏火炬游行""抗战献金音乐大会"等大规模群众性音乐歌咏活动，张曙每天兴致勃勃地到武汉三镇各团队教唱新歌，使抗日歌声响彻武汉三镇。他时常在万人歌咏大会上任总指挥，在游行队伍中高擎大旗走在队伍的最前面。有朋友好心劝他"不要老站在队伍的最前列"，张曙笑答："总要有人来带这个头！我为自己今天能走到队伍的最前面，为抗日鼓劲加油，感到骄傲和自豪!"

　　历史已经远去，但是历史的厚重和沧桑并不会因时间的流逝而淹没。张曙故居前，薛溪水潺潺而过，流水穿沙，叮咚作响，经湖田与阳溪合流，在坑口汇入新安江，从此浩荡东进，把一个小山村的厚重底蕴和红色故事传遍大江南北。

　　与众多的徽州山村一样，柔川村保留着多幢明清古建筑，岁月在墙体上刻下了斑斑痕迹。如果非要找出这个村子与其他地方不同的所在，那便是充盈心间的一声声澎湃号角，或粗犷凄厉，或激昂真挚，或振奋有力……这是战歌的声音，这是战歌的力量。而这一切，却是其他村庄所没有，独独一个嘹亮柔川所私藏的。

吴承仕：耕读传家天地久

吴承仕（1884—1939），字检斋，号展成，又号济安，歙县沧山源人。中国近现代著名经学家、古文字学家、教育家，与黄侃、钱玄同并称章太炎门下三大弟子，曾在北京大学任教，与在南京大学任教的经学大师黄侃合称为"北吴南黄"。1936年秋，在学生齐燕铭、张致祥的介绍下，光荣地加入中国共产党，被后人誉为中国"第一个用马克思主义观点研究经学的人"。

沧山源现为昌溪乡的一个自然村，所处半山腰中的村落地貌形同燕窝，又称燕窝山庄。沧山源以吴氏为主要姓氏，村民于明末清初由昌溪迁入，至今已有400年历史。数百年来，吴氏一族秉承着古徽州耕读传家的传统，即便清苦，依旧教习子侄不忘读书。

沧山源连接外面的道路，全由石板铺成，共999级，人称"千步云梯"，由吴承仕祖上斥资一千大洋修建。拾级而上，约行半小时便是沧山源。沿途有两个路亭，供行人休憩、避雨。现村口西南侧，今人新建一亭，名"检公亭"，为纪念一代经学人师吴承仕而立。

吴承仕故居照壁

光绪十年（1884），吴承仕出生在沧山源茶商世家。吴承仕祖上吴启琳年轻时曾作过郑家书童，陪着郑姓公子进京赶考。闲暇时转悠北京茶市，见其茶叶市场红火，价格比家乡贵了好几倍。吴启琳从中看到了商机，遂留京做起了茶叶生意。经过百余年的积累，吴氏开创的吴裕泰茶行生意愈发红火，至吴承仕父辈始，家族企业由其伯父一支承接。吴承仕的父亲吴恩绶把重心移到了读书上，走"学而优则仕"的科举之路。在父亲的引导下，天资聪颖的吴承仕，自小发奋读书，很快崭露头角。光绪二十七年（1901），17岁的吴承仕和父亲同时中了秀才，成为当地美谈。光绪三十三年（1907），吴承仕又在科考制度废除四年后，举贡会考取得一等第一名，是为朝元，被点为大理院主事。

在北平，青少年时期的吴承仕目睹祖国山河破碎、民生凋敝，心中悲愤，时日一久不由激发起救国难于水火的一腔豪情。中华民国成立时，他出任临时政府司法部佥事一职，日常工作中却与部中官吏意见每多不合。民国十六年（1927）4月，军阀张作霖在北京杀害了李大钊等革命烈士，吴承仕闻噩耗时悲愤异常，即放下碗筷停餐，以表达对革命烈士的哀悼，并立马辞去政府佥事之职。从此，他绝迹仕途，走上了教育岗位，受业于章太炎门下，研究文字、音韵、训诂之学及经学，先后执教于北京师范大学、中国大学、北京大学、东北大学等校，历任北京师范大学国文系主任、中国大学国学系主任。

潜心研究国学的吴承仕成就卓著，为章太炎所称道。民国十六年（1927），他撰写的训释古音文字专著《经籍旧音辨证》出版，章太炎为其撰写《经籍旧音题辞》，给予高度评价。吴承仕的经学著述，以《三礼》为大宗，成就最高。在此期间，吴承仕先后撰写著述150余种。

民国二十年（1931），"九一八"事变后，吴承仕积极领导北师大文史两系的教授，对日寇的侵略行径进行谴责，还联名通电全国，严厉要求国民政府立即奋起抗日；积极响应中国共产党建立抗日民族统一战线的号召，在进步刊物上发表文章，宣传国共必须合作，停止内战，一致抗日。

作为一位硕学鸿儒，吴承仕接受马克思主义新思想实始于20世纪30年代初，《共产党宣言》如同黑夜中的一束强光，照亮了眼前这一昏暗的世界。其后他又在进步学生的影响下，阅读了大量的马列著作。吴承仕在马列主义的著作里游弋，努力寻求真理，从中接受新思想，汲取力量源泉。这位钻研古籍数十年，蜚声海内的经学家，政治思想觉悟不断提高，逐渐认识到只有中国共产党才能领导中国人的革命事业取得胜利，成为我国第一位用马克思主义观点从事经学研究的学者。

在白色恐怖的统治下，全国各地多家进步刊物先后被封。吴承仕不为当局的淫威所屈服，拿起手中的笔继续战斗。民国二十四年（1935）冬，北平爆发了"一二·九"运动。此时的吴承仕已是霜鬓鹤发，年近花甲，依旧积极投入到拯救祖国危亡的革命洪流之中。运动当天，吴承仕和青年们并肩前进，紧密团结，共同战斗。反动当局逮捕了许多学生，吴承仕不顾安危，千方百计奔走营救。次年秋，吴承仕在两名进步学生的介绍下，光荣地加入了中国共产党。

民国二十六年（1937），五四运动18周年纪念之际，吴承仕与进步教授发起组织了"新启蒙学会"，负责起草了《新启蒙学会宣言》，提出"唤醒比较多数的知识分子，成为时代改新的中心力量"，以"争取当前民族解放的胜利"，在社会上引起了很大的震动。同年7月7日，抗日战争全面爆发，不久北平沦陷。日寇、汉奸到处搜捕爱国抗日人士，吴承仕的名字也被列在黑名单上。在万分危急的情况下，他匆匆离开北平，前往天津。尽管处境日益艰危，但是仍然坚持抗日救亡工作。他为天津的地下抗日刊物《时代周刊》撰写文章，传播民族革命的吼声。

民国二十八年（1939）夏秋之交，天津水灾泛滥，院内积水过膝。吴承仕一家困居院内，生活陷入绝境。加上此时天津英租界当局与日寇勾结更加紧密，在天津抗日的同志多人被捕，情况十分危急，于是吴承仕秘密地回到北平。由于他在天津动身时就身染疾病，劳累过度，再加旅途困顿，心力交瘁，所以到北平后不久就病倒了。经诊断为伤寒症，已经肠穿孔，加上旧病支气管炎并发，医治无效，于当年9月21日在北平逝世，享年56岁。

民国二十九年（1940）4月16日，延安各界为吴承仕举行了隆重的追悼大会。毛泽东、周恩来、刘少奇、朱德、吴玉章等同志都送了挽词、挽联，对他的一生给予了高度评价。毛泽东以"老成凋谢"挽之；周恩来在挽联上写着"孤悬敌区，舍身成仁，不愧青年训导；重整国学，努力启蒙，足资后学模范"。共和国的缔造者均给予吴承仕极高的评价，中共七大将吴承仕列入烈士名单。

十户之村，不废诵读。清代，昌溪有桃花书屋、梅花书屋、杏花书屋、养正书屋等私塾馆，十分重视教育。沧山源吴氏一族亦是如此。

相传吴承仕在后人的教育上十分严格，他反对那些"临时抱佛脚""不问不学、不逼不学"的假求学，而是要求他们沉下心来作真学问，养成良好的学习习惯。有一年春节，吴承仕携子吴鸿迈到父亲家拜年。门上贴着春联，下联为"家住方壶椿树间"。于是便问道，你可知道此联的含义。吴鸿迈回答不上来。过了几天，吴承仕再问，吴鸿迈回答得头头是道，这几天他刚查过相关资料。"'方壶'乃海上三山，为神仙的居所，居中之山便是方壶……至于'椿树'的意思，《庄子》上曾有注解：上古有大椿者，以八千岁为春，八千岁为秋。对联把'方壶'和'椿树'联系起来，就是祝爷爷长寿的意思。"吴鸿迈自鸣得意，等待父亲的赞许。谁知吴承仕不仅没有表扬，而是予以严肃的批评："逼着你问一问，你就去翻翻书敷衍敷衍，丝毫没有'一心向学'的态度，这样下去怎么能行。"从此吴鸿迈牢记父亲的教诲，刻苦攻读，日后成为了知名的数学教授。

民国十八年（1929），吴承仕曾在家乡有过短暂的停留。在这期间，他与当地茶商吴良臣等牵头创办私立昌溪复兴小学。由于办学经费有所欠缺，吴承仕为此书写了100副对联，将出售后的润笔费悉数作为办学之用。耕读传家久，诗书继世长。吴承仕心中的耕读传家理念，从返乡办学一事上得到了完美的诠释。

吴景超：崇学乐教

吴景超（1901—1968），名纪谦，字北海，歙南岔口人，20世纪著名的社会学家与经济学家。曾先后在南京金陵大学、清华大学社会学系执教，1952年后长期执教于中国人民大学经济系。任教清华大学期间，与孙本文、许仕廉、吴泽霖等人一道发起成立"中国社会学社"，民国二十五年（1936）当选为学社第五届理事长。吴景超是从歙县走向世界的学术巨子，在都市社会学、农村社会学研究等方面作出了开创性贡献，是中国20世纪上半叶研究都市社会学的主要代表人物，与闻一多、罗隆基被誉为"清华三才子"。其崇学乐教的家风一直为后人传诵。

吴景超出生于徽商之家，父亲吴瀚云，晚清贡生，经营"吴心记茶庄"，家境富裕。其父亲乐善好施，热心社会公益，修桥筑路，捐资兴学，在大洲源具有良好的口碑。吴瀚云生养五女三男，吴景超是长子，早年入张元锦创办的岔口双溪师范（后更名"大洲公学"）就读，打下了一定的学习基础。民国三年（1914），就读南京金陵中学。民国四年（1915），考入北京清华留美预备学校，在校八年肄业。在清华读书时，吴景超是清华文学社的重要成员，创作丰富，同闻一多、梁实秋等人交游甚密。同时，研究历史学颇有心得，其力作《西汉的阶级制度》在《清华学报》上发表。因对历史研究的痴迷，吴景超在清华时，被同学们戏称为"太史公"。

民国十二年（1923）夏，赴美留学，先后获明尼苏达大学社会学学士学位，芝加哥大学社会学硕士、博士学位，同闻一多、罗隆基等组织大江学会，宣传资产阶级民主革命。民国十七年（1928）回国，先后任金陵大学、清华大学教授。民国二十一年（1932），任清华大学教务长。民国二十四年（1935）12月9日，北平（北京）发生数千爱国学生举行的抗日救国示威游行活动，当时很多进步学生被捕入狱，吴景超以清华大学教务长身份，代表清华营救团去同国民政府交涉，营救学生出狱。民国二十五年（1936）至民国三十六年（1947），先后在国民政府任职。民国三十六年底，返回清华大学，任社会系教授。与钱昌照等发起组织中国社会经济研究会，主编《新路》周刊，后因揭露"苛政猛于虎"而被迫停刊。

北平解放前夕，蒋介石让人捎信给吴景超，希望他随同撤走去南方，胡适先生还特地派人送来两张机票。他的老朋友、学者傅斯年、梅贻琦等都来动员他去美国执教，均被拒绝，他要在北平迎接解放。1952年，任中央财经学院教授。1953年，任中国人民大学教授。1968年，吴景超先生因肝癌去世，终年67岁。其骨灰由女儿吴清可护送回歙县岔口，安葬故里。

吴景超具有严谨的治学态度。其学生费孝通说："他读了书之后，就要做笔记、做卡片。他的卡片有许多箱——这种治学精神，我们这一代很少人能真正继承下来。"在吴景超先生的著作中他从实证研究出发，用一组组的数据说话，如在《中国农民的生活程度与农场》一节中，列举了美国农民在食品、衣服、房租、燃料、杂项的支出，并与中国部分省市与地区做比较，还列举了美国自耕农、佃户家庭所拥有的自来水、浴室、电灯、煤气灯、电话、钢琴、汽车、房屋、书籍、报纸、杂志等一些反映生活水平的数据，以此说明中国农村与美国农村之间的巨大差距，并分析了产生这些差距的原因与改善的办法，这不仅在当时具有前瞻性，就是在当下也还是具有一定的指导意义。读先生的书，丝毫没有过时之感。

吴景超有着开阔的国际视野、严谨的治学态度，并形成了自己独特的科研方法。他早年考入清华留美预备学校，受过良好的语言训练，英语基础扎实。在美留学期间，又学习了德、法两种语言。在他最为活跃的年代，中国的社会学界，能以国际公认的学术规范、通用的一流科学研究方法，从事最前沿的学术调查。

费孝通说："他的研究是宏观的，用全世界各国的材料来做比较，去找中国社会的出路，去理解中国社会。"我们在他的著作里面可以发现他引用了美国、英国、日本、丹麦、波兰、希腊等国家社会学家的研究成果。费孝通同时承认"我从吴先生那里学到了东西"，但费孝通更关注从中国内部出发的微观研究。吴景超当年的不少科学报告，迄今仍是社会学、历史学研究方面的经典之作，具有难以取代的学术价值。

中国是一个落后的农业大国，吴景超先生始终将农村、农民、农业作为一个研究的重点。他在《第四种国家的出路》中细致地考察了中国农村的现状、农民的生存问题、土地问题、人口问题、生产技术以及机械化问题等，对我们今天的乡村振兴亦有着重要的启发作用。

费孝通评价说："一个学科的发展要跟着社会的发展走。我们是历史唯物主义者，应当根据当时的情况来评论当时的学术成就。吴先生是走在学科前面的人。他在学术上的一个特点，用现在的话来说，就是理论联系实际。他从实际的社会生活、社会现象中去找问题，而从当时能找到的资料综合起来，对于这问题发表意见。同时针对地提出了办法。当然，这办法你可以不同意，但在当时的历史条件下，他对中国的发展能提出这么多的主张，他是占风气之先。"

吴景超著有《第四种国家的出路》《都市社会学》《劫后灾黎》等。主编有《新经济》《社会研究》等刊物。其著述涉及中国的工业化道路、农业现代化、中国的城市化，以及社会安全、经济制度之选择等，事关国运民生，具有很强的科学性与前瞻性，直到今天仍有着重要的启发意义。

吴景超桑梓情怀浓厚。民国八年（1919），吴景超利用假期回乡之际，在岔口村做了一个社会调查，写下了《皖歙岔口村风土志略》。这是一篇有关桑梓故里、基于实地调查的民族志类型之资料，它从位置、沿革、物产、宗法、生活（含职业、衣食住、娱乐）、教育、风俗（婚嫁、丧葬、岁时、迷信）和胜景八个方面，对徽州的一个传统村落作了多角度的细致描述。截至目前，还没有发现歙县大洲源有其他类似的调查报告资料，它对我们研究清末民国时期大洲源的民俗风情具有重要的史料价值。民国三十六年（1947），吴景超利用视察安徽的机会，顺道返回歙县岔口，对徽州一带战后地方疫情作了考察，发觉血吸虫病严重流行，遂将联合会善后救济总署赠送的一所按部队50张床位标准配置的野战医院的装备、药品，拨给了徽州，为地方政府创建"徽州医院"奠定了基础。

吴景超（左）与吴承禧（右）合影（1954）

吴景超家族人才辈出，其二弟吴承禧（1909—1958）毕业于复旦大学银行系，历任"中央研究院"社会科学研究所研究员、上海兴业银行副经理。抗日战争期间，参与筹办《经济周报》。新中国成立后，历任中国人民银行华东区行计划处处长、上海财经学院教务长、中国科学院上海经济研究所筹备处副主任、中国民主同盟上海市支部工商委员会主任等职。著有《中国的银行》《政治经济学的对象》《厦门的华侨汇款与金融组织》等。

吴景超非常重视教育，悉心培养子女，使他们努力学习自然科学，实现科学兴国强国的理想，其子吴清俊读高中时便加入中共地下组织，被保送哈尔滨工业大学求学，毕业后在解放军郑州炮兵学院任教授，为国家国防建设培养人才；女儿吴清可亦是毕业于哈尔滨工业大学，主要从事锅炉设计及核电站建设研究，到"大三线"成都工作，后来任国家环保安全可靠性技术中心研究员，成为该领域的专家。

同时，吴景超还鼓励或帮助亲属完成学业或找到工作。他资助外甥周孝谦于清华毕业后去美国霍普金斯大学攻读原子核物理，回国后到东吴大学、苏州大学执教，后来任副校长。外甥许恩诰，民国三十七年（1948）毕业于休宁中学，后去上海找工作，吴景超委托弟弟吴承禧通过中共地下组织把他送到解放区，后被安排到当地刻写钢版，油印宣传材料。上海解放后，许恩诰投考华东军区军事干部学校，毕业后到福建前线工作。1951年抗美援朝时期，吴景超又鼓励侄儿吴宝贤发挥文艺特长，参加中国人民志愿军奔赴朝鲜战场。可以说，吴景超崇学乐教的家风得以传承和弘扬。

许承尧：投身教育　兴办新学

许承尧（1874—1946），字际唐，清光绪三十年（1904）进士，歙县唐模（现属徽州区）人，授翰林院庶吉士，次年科举制废除，故而人称许承尧为"末代翰林"，近现代方志学家、诗人、书法家、文物鉴赏家。辛亥革命后，应皖督柏文蔚之聘，任全省铁路督办，筹建芜（湖）屯（溪）铁路。不久，柏文蔚等讨袁失败，许承尧遂去职。后随甘肃督军张广建入陇，任职甘肃。民国十三年（1924）辞官回京，同年由京返歙，虽任安徽省政府顾问，但基本不过问政事。从此绝迹仕途，在家乡以著述终老，主纂民国《歙县志》，编撰《歙事闲谭》等。

唐模与棠樾齐名。谚称：唐模棠樾，饿死情愿。意思是说，唐模与棠樾两地，为他地女子理想的婆家，嫁入这两地，就算饿死也是情愿的。歙西丰乐河流域，自古便是富庶之地，嫁入的女子只会享福，又岂有填不饱肚子之理。唐模，唐末建村，兴起于宋、元，盛于明、清，是徽州历史悠久、人文积淀深厚的文明古村。唐模原居民为汪氏，至南宋许村许氏两兄弟投奔唐模的姑母，后许氏衍为大族。

同治十三年（1874），许承尧出生在唐模一户殷实的徽商之家，祖父许恭寿，字品三，为蒙学塾师；父亲许学诗，字雅初，曾经在江西经商。许承尧自幼聪慧，师从著名学者汪宗沂，与同学黄宾虹、汪鞠友相交莫逆。

许承尧在兴办教育、文献收藏与整理等方面的成就突出，对于徽州文化的传承和研究有着十分重要的价值和意义。

许承尧故居一角

　　许承尧是近代徽州著名的文物收藏家，一生收藏甚丰，临终前遗命建"檀干书藏"，将其毕生珍藏的书画碑帖、文献古籍、敦煌写经等集中保存，子孙不得分散。现在这批藏品绝大多数都保存于安徽博物院。

　　民国二年（1913）十二月，许承尧受陕甘筹边使、甘肃将军兼督军张广建（1864—1938）之聘赴陇，任甘肃省政府秘书长、甘凉道尹、兰州道尹、省政务厅长等职。由于职务之便以及诗文交友，许承尧陆续搜集了一些敦煌写经。他经常观摩研究，辨别敦煌经书能力非常，连中国近代著名的考古学家、古文字学家罗振玉（1866—1940），都自叹弗如。此后8年，许承尧不辞劳苦，5次奔赴甘肃搜集保护敦煌写经，达200余卷，成为我国敦煌写经的重要私人藏家之一。

　　民国十三年（1924），许承尧辞官返歙，从此绝迹仕途，息隐家园，致力于乡邦文献的整理研究。回乡后他整理从敦煌带回的200余卷敦煌文献，从中挑选出有年代并且书法较好的精品40卷，收藏于住所大厅楼上，命名为"晋魏隋唐四十卷写经楼"。他将这些经卷"精心装裱，裹以黄绫缎套，储入小型檀木匣中，妥慎珍藏。"其余写经则分赠子女许家栻、许悦音以及友人马其昶、黄宾虹、唐式遵等，有的赠予学生吴绮川、吴博全、曹一尘等人，或用于交换其他文物；更大部分出售给叶恭绰、龚钊等人。其中《唐代无款大般若波罗蜜多经残卷》共4幅拼接而成，纵24.5厘米，横165.5厘米。卷后附许承尧题跋："此敦煌石室古三界寺唐人写经，清光绪庚子发现，彼时流传颇多，今皆输海外，存国中者稀矣。千年前之古墨，劲拙意味由篆分出，跃跃纸上如亲见古人作书。墨缘盛事，岂寻常金石拓本所可并论邪，苊叟记。"许承尧对敦煌写经给予了高度评价。许承尧将这卷唐人写经送给爱女许悦音。

安徽博物院现存许承尧旧藏敦煌文献23件套，其中《晋隋无款敦煌石室古墨拾遗册》《北朝无款大般涅槃经残卷》《唐代二娘子家书》《唐代无款唐人遗墨轴》《唐代无款妙法莲华经卷第一至七》等，都是许氏"晋魏隋唐四十卷写经楼"所藏精佳之作，流传至今，实乃不易。

许承尧一生节衣缩食，搜求乡邦文物，潜心研究敦煌文书，造诣极深。其收藏的很多敦煌写经都有许氏题跋，跋文内容有介绍写经来源，叙及敦煌文书流散之情况，亦有考证藏品年代，探讨其书法艺术，观点精辟独到，为后来的研究者提供了宝贵资料。许承尧擅诗工书，以隶法入楷书，隽劲挺秀，深得唐人精髓，故其题跋亦为藏品增色不少。

清末，清政府腐败无能，外侮日深。在西方学术的影响下，许承尧觉得要御侮图强，必先唤醒国人，而教育人才，实为当务之急。中了进士的许承尧，只需在京"混"过三年，就可再授各部京官或外放地方州县做官。但爱国心切的他，不愿在京师过那种清闲安乐的翰林生活，毅然回乡兴办新学。

许承尧对普及教育、初等教育和师范教育特别关注。他说："教育普及者，国民之炉冶。"教育是兴国之本，"无本之木必倾，无源之流必涸。"那么，教育普及从哪里开始呢？他认为应该"始于蒙（学前阶段）、小学"，然而"无师范生，蒙、小学无由兴"，故"师范为尤要"。于是，他在创办新安中学堂的第二年，即光绪三十二年（1906），又不辞辛劳，多方奔走，创办了徽州府紫阳师范学堂，这是安徽省第一所中等师范学校，今徽州师范的前身。他亲任监督（校长）。在成立日发表《告诸生文》，勉励学生"爱国、爱身、爱时"；要求学生"崇公德，明公理，守秩序，戒偷惰，除嚣张"，这同今天强调素质教育，培养全面发展的"四有"新人不谋而合。

与此同时，他又协助他的祖父许品三在他的故乡唐模先后创办了敬宗小学堂和端则女子小学堂。端则女子小学堂是安徽省最早创办的两所女子小学堂之一，开安徽女子入学读书之先河。后来，由于实行男女同校，端则女学并入敬宗小学堂，为今唐模小学的前身。从光绪三十一年到三十三年（1905—1907），短短三年内，许承尧接连创办了新安中学堂、紫阳师范学堂、敬宗小学堂、端则女子小学堂等四所中、小学校（还有师范学堂附属小学）。许承尧之所以如此重视教育，他说："凡百更张，必植荄教育。"他把教育看成关系国家兴衰存亡的大事。

不久，黄宾虹为筹措革命活动经费而"私铸铜元"的事被人告发。黄宾虹化装逃往上海，陈去病逃往苏州，许承尧也辞去两校监督职务，以"办学三年期满"为由，回京销差。安徽代理巡抚冯煦在给光绪皇帝的奏本中称："皖南学务以徽歙最早，歙县兴学，则自许氏。"对许承尧在原籍办学予以肯定。当时清廷为缓和国内危机，已废科举，兴学校。于是将许承尧召回翰林院，并提升他为翰林院编修兼国史馆协修。许承尧回乡办学虽只三年左右，但是他"开徽歙新教育之先声"，对徽州乃至安徽省教育事业的改革和发展做出了历史性贡献。

洪雪飞：认认真真演戏　老老实实做人

　　洪雪飞（1941—1994），著名的昆剧、京剧表演艺术家，歙县三阳人。1958年入北方昆曲剧院学正旦，1966年入北京京剧团改唱京剧，1979年后任北方昆曲剧院演员。因在京剧《沙家浜》中饰演阿庆嫂闻名。其代表剧目有昆剧《牡丹亭》《千里送京娘》《长生殿》，现代戏《江姐》等。1984年加入中国共产党，1985年获第二届全国戏剧梅花奖，第四届全国人大代表。

洪雪飞剧照

　　三阳，以洪氏为主干。村名由来与"三只羊"有关。相传三阳洪氏始迁祖福生公，牵了三只羊从慈坑绕到三阳来龙山前，也就是现在的洪氏祠堂处牧羊，至傍晚欲牵羊回家时，三只羊竟是不走。福生公觉得奇怪，遂举目四眺，只见此处地势开阔，草木葳蕤，溪流潺潺，一派生机，当是风水宝地。不由觉得这是冥冥之中大自然对自己的点化，于是人随"羊"意，落户下来。三阳洪氏入驻至今500余年，历史不算长，却是实足实的村中望族。史载，洪姓入驻之后，最鼎盛之时洪氏人口多达8000余人，号称"千灶万丁"。

民国三十年（1941），洪雪飞在杭州出生。父亲洪叔度是三阳一名旅外的茶商，年轻时在杭州经商。洪叔度经商有方，于茶叶一行更是行家里手，凭着眼睛看、鼻子闻就能知道茶叶采自哪片山头，生意当然风生水起。而在对待子嗣上，洪叔度却是重男轻女。当洪雪飞出生时，上面已有一个姐姐，洪父一看又是一个女儿，心里特别失望，遂弃她们而去，母亲带着姐妹俩艰难度日。也正是这一原委，洪雪飞从小就养成了独立坚毅、决不言弃的刚毅性格。

洪雪飞在三阳的故居——纯德堂

1958年，洪雪飞考入北方昆曲剧院，师从韩世昌、白云生、马祥麟等昆曲名家。那时候，她已经17岁，早已过了学戏的最佳年龄，加上没有基本功，也就难上加难。洪雪飞入班时，所有的老师、同学都不看好她，有的老师曾苦口婆心地劝她另谋出路，直言这样的年龄又无基本功，想在戏剧表演上有所成就，几乎是不可能的，如同走进一条死胡同。洪雪飞却硬是凭着一股子狠劲与巧劲，每天早上起来吊嗓子，夏练三伏、冬练三九。别人逛街遛弯子，她在练；别人看电影谈恋爱，她在练……一心想把流逝的时间找补回来。洪雪飞持之以恒的努力终于有了结果，学戏不久就以饰演新编戏《晴雯》中的袭人一角脱颖而出。

20世纪60年代，洪雪飞在艺术上逐渐走向成熟，参演了一批优秀的传统戏曲及现代剧目，被誉为"北昆四旦"之一。1967年原定的《沙家浜》阿庆嫂饰演者赵燕侠，因故无法出演。赵燕侠年长洪雪飞13岁，对洪雪飞有过许多指导，二人亦师亦友。赵燕侠凭着自己的艺术技艺，自是阿庆嫂一角的不二人选。机会总是留给有准备的人。洪雪飞得知北京京剧团正在招募《沙家浜》女主角的消息，于是毛遂自荐，主动报名试演。在试演之后，她得到了大家的一致肯定，于是洪雪飞就这样成功地拿下了"阿庆嫂"这个角色。在节目播出之后，洪雪飞饰演的"阿庆嫂"给观众留下了深刻的印象，而洪雪飞也就此走入了观众们的视野，洪雪飞当时也没有想过，"阿庆嫂"这个角色会让她一举成名。

20世纪80年代，洪雪飞名头日盛，蜚声剧坛，但她仍然不断进取，多次向老艺术家周传瑛、张娴、姚传芗等人学习《长生殿》《活捉》《乔醋》《题曲》《亭会》《寻梦》《说亲回话》等剧目，并拜姚传芗为师，从而在表演艺术上有了长足进步。洪雪飞在与侯少奎一起出演的《千里送京娘》这部昆曲中，她塑造的"京娘"这一形象深深地打动了观众们，给观众留下了一个深刻的艺术形象。

1983年，北方昆曲剧院在准备排演《长生殿》这一部曲目时，对于杨贵妃这一角色的选角发生了分歧。在院领导提出让洪雪飞扮演杨贵妃这一角色，但有人认为洪雪飞不够妩媚，不适合出演杨贵妃。而洪雪飞为了消除大家的疑虑，塑造出一个生动的杨贵妃，暗自下了许多的功夫。演出当天，当观众看到台上那个千娇百媚、雍容华贵的洪雪飞之后，立刻就把她当成了杨贵妃。洪雪飞用她那妩媚的身段、神情和动作，以及她那优美的唱腔，给观众留下了深刻印象。而那些之前还在质疑洪雪飞演不好杨贵妃的工作人员，最终也被她的表演所深深折服。此次表演之后，洪雪飞的名气又上升了一层。她不仅得到了观众们的认可，而且还获得了许多业内人士的连连称赞。1985年，洪雪飞获得第二届全国戏剧梅花奖殊荣，走上了艺术的巅峰。

洪雪飞在北京京剧团工作的时候，认识了自己的丈夫刘弼汉，婚后有了一个女儿。洪雪飞放不下自己的事业，刘弼汉对她说："你尽管放心地去忙你的事业，家里有我呢!"洪雪飞有了丈夫这一强有力的后盾后，事业上如鱼得水，在舞台上塑造出了一个又一个令人难忘的艺术形象。

洪雪飞有着浓郁的家乡情怀。虽说小时候遭父嫌弃，但是洪雪飞却一直关心着自己的父亲。在三阳村洪雪飞戏剧艺术陈列馆纯德堂内，保存着洪雪飞写给父亲的一封信："爹，您好! 来信已收到，十月份提前给您寄的10元钱想已收到了吧。我已结婚，所以近来不能给您多寄钱。我现在工作、学习都较忙。我一切都好，勿念。望保重，祝好。雪飞。"

信的末尾，没有注明时间。据考证，洪雪飞与刘弼汉1980年结婚，信应当是结婚之后不久所写。多年来，洪雪飞坚持每月给父亲寄生活费，其孝心可见一斑。

洪雪飞关心家乡的建设事业。1991年5月，歙县举办"枇杷节"时，洪雪飞受到家乡父老的盛情邀请，回到歙县并登台演出，献上了脍炙人口的《沙家浜》"垒起七星灶，铜壶煮三江"选段，让"阿庆嫂"这一人物形象，映在家乡父老的脑海之中。

1994年9月，新疆克拉玛依炼油厂建厂35周年，特意邀请洪雪飞到炼油厂演出。洪雪飞考虑到新疆路途遥远，加上自己的工作繁忙，于是就想婉言谢绝。丈夫刘弼汉劝说道："炼油厂这么诚心地邀请你，足以说明新疆人民对你的喜爱，而你不去的话，大家会很失望。"听完丈夫的话后，洪雪飞毫不犹豫奔赴新疆。但不幸的是，14日凌晨4点30分左右，洪雪飞乘坐的汽车在距炼油厂不到10公里的地方，发生了车祸。洪雪飞就这样，在自己事业的巅峰期，离开了这个世界。10月9日上午，洪雪飞的家人为她举行了遗体告别仪式，600多位业内人士前来告别。除此之外，许多洪雪飞的戏迷也都来到了现场，大家手持白菊，泪眼婆娑地送这位人民喜爱的艺术家最后一程。

为了悼念妻子，刘弼汉出钱设立了"洪雪飞鼓励奖"奖项，专门用来奖励那些表现优异的戏剧演员。他用这种特殊的方式怀念自己的妻子。

三阳村民很多都十分崇拜洪雪飞，逢年过节还会举办晚会，由三阳村村民饰演《智斗》中的阿庆嫂，声情并茂，字正腔圆，有模有样。三阳村人认为，洪雪飞是三阳的名片、歙县的名片、黄山的名片，一定要好好珍惜。

吴荣寿：兴办义学育英才

　　吴荣寿（1873—1934），号俊德，歙县岔口人，现代著名茶商，一生秉承徽商诚实守信、勇于进取、崇尚公德的优良品德。光绪二十七年（1901），吴荣寿被公推为"徽州六邑茶务总会"首任总会会长，连任长达30年，被誉为"一代茶商翘楚"。清末废除科举制之后，吴荣寿首倡创办崇文学堂，随后又在阳湖创办徽州职业学堂，以蚕桑为主科，后改设商科，易校名为徽州乙种商业学校，被誉为徽州职业教育先行者之一。

　　吴荣寿年少时就随父兄来到屯溪经营茶叶，从小就打下了坚实的商业基础，熟习茶叶精制中的筛、簸、拣等各道工序，尤其擅长鉴别毛茶。到20岁时就在茶叶制作和经营上有着独到的见解，成为年轻茶商中冉冉升起的一颗新星。光绪二十七年（1901）其父病故，28岁的吴荣寿继承父业，挑起了家族重担，成为新一代的"掌门人"。

　　吴荣寿为人豪爽仗义、诚信戒欺、深得人心，短短几年里家族企业越做越大，先后在屯溪阳湖开设了"吴怡和""吴怡春""吴永源""华胜""公兴"等茶号，每年制销"屯绿"数千担，最多时达2万担，约占"屯绿"外销茶一半左右，一跃成为徽州最大外销茶商，风头一时无二。

　　接手父业当年，吴荣寿联系徽属六县茶商组织茶务总会，走抱团取暖、共谋发展的路子，得到了业界的一致拥护，吴荣寿也被推为首任总会会长，修订相关章程，规范制作技艺，提升茶叶品质，逐步打响了"屯绿"品牌，带领六县茶商走上全新的发展之路。

20世纪初期，徽州茶叶在一代巨擘吴荣寿掌舵下，发展形势良好，各地商号都有长足进步。但是，"人无千日好，花无百日红"，随着国际形势的风云突变，"屯绿"在发展道路上遭遇挫折，形势直转而下，出现滞销现象，许多茶商的仓库里堆满了茶叶。茶叶外销受阻，势必引起资金链断裂，反馈回来的结果就是茶叶价格直线下降，许多茶商只能压缩银根观望，裹足不前，不敢越雷池一步。

吴荣寿像

民国七年（1918）初，国际市场上"屯绿"仍然滞销，造成收购价格一降再降。价贱伤农，引发不少茶农"伐茶种粮"。吴荣寿深刻认识到此一现象一旦蔓延开来，必定会对徽州茶业造成不可估量的损失。毕竟毁一棵茶树容易，可从一棵幼苗培养到盛产期，少则三年，多则五年以上。若是不能及时止损，徽州茶业前程堪忧。

吴荣寿审时度势，立即作出决定，适当调整价格，放秤大量赊购。茶农从中有所收益，遂停止了毁茶之举，重新投入到茶叶生产之中。同年秋，"屯绿"外销转畅，价格迅速回升，"特珍""抽芯珍眉"等极品屯绿，每担售价达313两白银。吴荣寿因此获利，各大茶庄年总计收入10万余两白银，打了一个漂亮的翻身仗。

吴荣寿经营茶叶注重质量，亲授制茶技术，大量减少使用"蓝靛"和"滑石粉"，从而全面凸显出茶叶天然的色、香、味。与此同时，他又重金聘请婺源制茶名手汪汉梁为总管，融婺、歙两地技法于一炉，全面提升茶叶的造型、口感、汤色、香味。作为一名茶业界的行家里手，吴荣寿知道，培植茶叶制作能手，相对固定的制作团队，是茶叶品质的根本保证。为此，他出台相应措施，提高技工的工资待遇，从而稳定了一大批手艺高超的制茶工人，春夏制茶，秋冬修建厂房，长期工300余人，季节工700余人。吴荣寿带领商号走上了巅峰。

民国十六年（1927），吴荣寿购进毛茶2万余担，不料遭遇上海茶叶市场疲软、价格狂跌，这一年就损失了10余万银两。民国十八年（1929）清明，54岁的吴荣寿在人生末年遭遇了朱老五火烧屯溪之灾，损失十分惨重。

那一年的清明节前一天，安徽东至县朱富润，又名朱老五，率领100多人自祁门、休宁到屯溪，他们向当地商团索要枪支未遂，进而纵火焚烧老街并枪杀掳掠商贾，百年商埠古街——屯溪老街毁于一旦。当地民谣称："民国十八年，土匪到祁门。清明前一日，土匪到屯溪。屯溪烧得光，先烧德厚昌。屯溪烧得穷，祸起汪仲容。屯溪烧得苦，碰着朱老五。"吴荣寿也难以幸免，数十幢店房悉付一炬。遭此一劫之后，又加上茶叶贸易市场形势不景气，吴荣寿商业受挫，最终未能挽回局面。

作为商人的吴荣寿，为了营造良好的商业环境，守护一方平安，有过多次与地方武装的强势对抗。宣统三年（1911），充山渠村余德民招募民壮数百人，并置备军火集于阳湖余家庄支援辛亥革命。由于组成人员良莠不齐，其中不乏作奸犯科之流，时常骚扰民众，压榨商户，欺男霸女，闹得人神共愤。吴荣寿召集地方势力，临时组建商户护卫队与之抗衡，最后将这一民壮组织悉数缴械。次年，胡孝龄光复屯溪，吴荣寿因拒纳军饷被胡孝龄部下逮捕，且臀部被戳一刺刀，胡孝龄撤退时被吴荣寿派人截杀。

在公益事业方面，吴荣寿在施赈、修桥补路等方面总是争先捐助。民国三年（1914），歙南干旱，吴荣寿捐款5000银元购米至灾区平粜。其一生，修造石桥4座，修筑休宁、昌溪大路2条，修建吴氏宗祠、支祠多处。吴荣寿还与洪朗霄、孙烈五等组织公济局，施医、施药、施棺、育婴等；又组织救火会，独资购置水龙一具，守护一方平安。

吴荣寿是徽州职业教育的先行者之一。他除了在茶业经营制作上的贡献之外，最大贡献就是兴办义学，在启民智、提升民族素养方面起到了积极的推进作用。清末废除科举制，吴荣寿首倡创办崇文学堂，自任校长，并捐地建筑校舍，劝募常年经费。宣统二年（1910），他又在家乡捐巨资兴办实业教育，在阳湖创办徽州职业学堂，以蚕桑为主科。民国七年（1918），根据徽州人多经商的特点，改设商科，易校名为徽州乙种商业学校。徽州乙种商业学校（徽州职业学堂）一办就是19年，直至民国十八年（1929）才改办普通小学。19年来，徽州乙种商业学校培养了大批商业人才，涉及徽商各大领域，助力当地经济发展。走出学校的商业学子们，带着所学的专业知识，秉承徽商良好品质，在沪杭及全国各地生根发芽，开花结果，为徽商这一金字招牌进一步发扬光大夯实了人才基础。

纵观吴荣寿一生，他热心公益、重视教育，遇挫不馁、勇毅进取，是近代徽商的优秀代表。即便处在弥留之际，吴荣寿依旧关心地方事务，捐地十余亩修建屯溪公园，得到了社会各界和广大群众的一致赞誉。

张逢铿：山登绝顶我为峰

张逢铿（1922—2019），美籍华人学者，地球物理学家，歙县岔口镇大坑源庐山村人。在南极探险中取得一系列重要科研成果，不仅是第一个登上南极的中国人，在南极还有以他的姓氏命名的山峰——张氏峰。

民国十一年（1922），张逢铿出生在歙南庐山一个诗书世家。庐山张氏以衍大公为始迁祖，二世祖承隆公为清代举人，为家乡修建了百步云梯，有着浓浓的桑梓情怀。将一个深山小村取名为庐山，这其中的关联无从考证。或许大坑源常年云雾缭绕、四时花开，堪与真正的庐山相媲美吧。村口路亭面镶"庐山面目"四字，不由得让人想起苏东坡先生的名句：不识庐山真面目，只缘身在此山中。

张逢铿的家乡庐山村，依山而建，道路不平，却镶嵌着清一色的石板路，保存完好的多幢清代民国时期的古建筑，外加一条进入村庄的百步云梯古道，处处显露出这里的张氏是一个藏在深山的富裕家族。建村200多年来，张氏一脉重视教育，耕读传家。在当代，这样一个小村子就有3人在同一所中学任教。

张逢铿7岁时，在本村继文初级小学读到四年级，中午大字课写毛笔字，他学的是柳公权的《玄秘塔碑》，四年里成绩年年第一名，还习得一手好书法。民国二十二年（1933），11岁的张逢铿离开庐山，到五里外的岔口大洲高级小学读五年级。当时徽州正流行陶行知教育思想，推广小先生制，小学生教大人，帮助老年人识字，扫除文盲。老师督促学生们教老邻居识字，日行一善，这让张逢铿打小就养成了服务社会的良好品质。民国二十四年（1935），张逢铿考入徽州中学。民国二十六年（1937），他由初二跳到高一，考取南京安徽中学徽州分校，该校抗战时内迁徽州8年。民国二十九年（1940）高中毕业后，张逢铿因成绩优异被保送入湖南大学，20世纪50年代初，到美国圣路易斯大学学习地球物理学、地震学和地震工程学，1958年获硕士学位，开启了他在地球物理学及相关领域的征程。在此期间，张逢铿参加了1957—1960年"国际地球物理学"组织的南极探险队。

1958年11月10日清晨6时15分，一架自新西兰起飞的专机，降落在南极螺丝湾冰岸机场，36岁的张逢铿走下舷梯踏上南极冰面。那一刻永远留在了中国人进军南极的史册上，张逢铿成为第一个登上南极的中国人。

张逢铿在南极

人类对南极的探索始于18世纪。19世纪时，俄、法、英、美有探险队抵达南极，20世纪初许多国家在南极建立考察站。二战后人们对南极的探索由探险转为科学考察，先后有1000多名科学家登上南极。然而，直到20世纪50年代中叶，占世界人口五分之一的中国却一直与南极无缘。

南极和北极同为地球两极，南极却比北极寒冷许多，平均气温零下 49 摄氏度，97% 的陆地被冰雪覆盖，是地球上最冷的地方。就在这样极端恶劣的环境里，张逢铿和探险队一道，展开科研工作，一待就是 15 个月。

在南极的狂风暴雪中，张逢铿多次遇险。一次是迷漫的大风雪，领头导向车所留下的车痕，迅即被风雪抹去，他乘坐的车辆因此迷失了方向，更危险的是与餐车失去联系，茫茫南极没有任何可用作记路的标识，迷路的危险不难想象，所幸他们还有点干粮，节省着食用，维持几天后最终获救。第二次是整个车队遇到了暴风雪，特制的雪车也无法转动，车队被烈风暴雪围困整整 9 天。科研探险，处处有着生命危险，但张逢铿和他的队友们为了探索人类未知的领域，咬牙坚持了下来。1960 年 3 月，在冬季到来之前，张逢铿结束了历时 15 个月的南极科学考察，带着第一手资料回到美国。这次"国际地球物理年"，直接参加南极科学考察的国家有美、苏、英、法、日等 12 国，内容涵盖宇宙线、地震学、地磁学、冰川学、重力测量学、气象学、高空游离层等等，从人数规模到广度深度，都远超第一次（1882—1883）、第二次（1932—1933）的"国际地球物理年"。

凭借严谨的科研态度，以及准确充分的基础资料，张逢铿取得了《南极张氏磁力图》《南极冰层厚度及地质构造的分析》《南极冰层震波速度的研究》等重要成果，其专著《南极玛利伯德地区地球物理探勘研究》英文版出版，受到科学界高度重视，美国国家科学基金会将其收入地球物理研究丛书并在全球发行。

1963 年 2 月 8 日，为表彰他在南极探险期间取得的一系列重要科研成果，以张逢铿的姓氏为南极一座山峰命名，即"张氏峰"，地理位置为南纬 77°44′、西经 126°38′，这是第一次以中国人的姓氏为南极山峰命名。

有关张逢铿的南极探险，国际上最早报道的是菲律宾航空版《新闻天地》，1959年第44期封面，就整版用了张逢铿赴美海轮上的照片，配以醒目的标题《第一个在南极探险的中国人张逢铿》，彼时张逢铿仍在南极。国内第一篇报道是歙县老乡鲍义来采写的《首登南极的中国人是谁》一文，刊于1989年5月18日《安徽日报》。其后《人民日报》《少年文史报》《人民日报》（海外版）《文摘周刊》《江淮文史》相继刊文，一度还收入人民教育出版社出版的小学阅读教材。

张逢铿有着浓厚的家乡情结。改革开放后，他曾五次回国讲学，促进中美科技交流，其间有四次回到家乡庐山。他说："我带景然儿回来观光、探亲、祭祖，为的是让他对祖国对家乡有个了解，以后他就可以单独回来。我已经老了，但是景然应该认得故乡。"

第四次回家乡是1996年，也是张逢铿最后一次回来。这次参加了《唐山大地震研究》英文版首发式及相关事宜。公务结束后，张逢铿转道返乡，访问了徽州师专（现黄山学院），与老同学黄澍教授相谈甚欢，还为学校题写了陶行知的名言"敢探未发明的新理，敢入未开化的边疆"，期望办成黄山大学。

1997年3月20日，黄山市政府决定授予张逢铿"黄山之友"荣誉称号，以便更好地对市民特别是青少年一代进行爱国主义教育，促进黄山市的社会主义精神文明建设。2002年经有关部门批准，庐山小学更名为歙县张逢铿小学。2019年10月，张逢铿辞世。

2022年3月，张逢铿故居正式对外开放。两幢古色古香的徽派民居，一幢作为张逢铿生平事迹展陈；另一幢建成"南极馆"。"南极馆"以"人类的南极"为主题，有定制直径1.2米的地球仪，这是安徽唯一汇集有关南极知识的展馆。

张浦生：不做收藏家　只做鉴定家

张浦生（1934—2020），歙县坑口乡柔川人，古陶瓷鉴定家、教育家、陶瓷研究员。1957年9月毕业于复旦大学历史系，历任国家文物鉴定委员会委员、南京博物院研究员，北京大学、复旦大学、西北大学、南京艺术学院兼职教授，中国古陶瓷研究会副秘书长，有着"张青花"的美誉。出版了《青花瓷画鉴赏》《青花瓷器鉴定》《宜兴紫砂》等专著。

1992年至1997年，他被国家文物局委任为一级文物确认专家组成员，参加了数年全国馆藏一级文物巡回鉴定工作。作为一名知名的鉴定家，张浦生一直奉行着一条戒律：不做收藏家，只做鉴定家。其收藏之路，是"为了科研，为了教学"。他收集的瓷片几乎可以贯穿整个中国的彩瓷史。2019年1月，他将自己一生收藏的用于教学的历代窑口的251片（件）瓷片标本和54箱藏书全部无偿捐赠给家乡歙县博物馆。

民国二十三年（1934）3月，张浦生出生于上海一个徽商世家。1957年，张浦生从复旦大学历史系毕业后进入南京博物馆工作，当时"目不识瓷"的他被安排做瓷器保管员。南京故宫曾经作为明初洪武时期的皇宫，有着厚重的历史根基，藏有20多万件瓷器，张浦生幸运地跟瓷器标本有了第一次亲密接触。张浦生的老师王志敏，西南联大数学系毕业，注重实践，时常外出采集标本，其研究方法对张浦生产生了很大的影响，这也培养了张浦生理论联系实际的工作方法。

张浦生通过长期对古陶瓷标本的研究考证，积累了丰富的经验，特别是对青花瓷有深入研究，卓有成就，被誉为古陶瓷鉴定的"火眼金睛"，时人尊称为"张青花"。

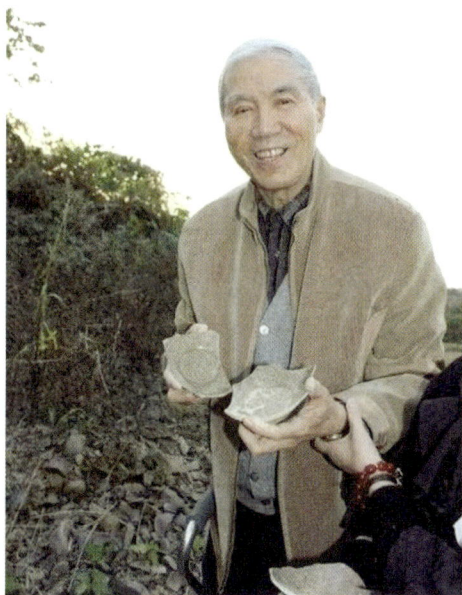

张浦生在捡瓷片

有一回，南京一位古陶瓷爱好者采集到一块唐三彩残片，找到张浦生鉴定。张浦生拿过来一掂，就指出残片捡拾的地点为水西门一带。判断竟然如此准确，这让来人大吃一惊。张浦生笑着告诉他，唐宋年间曾有一条官船在河口翻沉，船上装有不少陶瓷器皿，后被打捞上来，完整的器皿都拿走了，破碎的都扔在河岸边。当时水西门有个盐码头，所以这块碎片必然是在盐码头附近采集的。这一通解说，让来人心服口服，口中连连称赞先生知识渊博。

张浦生认为，做陶瓷研究，要有渊博的知识，还要有一双善于发现的眼睛，他常常沉浸在古瓷发现的愉悦里。

1964年，南京疏浚明故宫后的珍珠河，此地原为明初御膳房。张浦生采集到很多瓷片，经过研究发现洪武年间即有官窑，改写了陶瓷史上"洪武无官窑"的定论。

1983年，张浦生在南京马府街原太平公园的基建工地，采集到一只绘有"犀牛望月"纹饰的青花瓷盘标本，碗底上写有一个"马"字。张先生据此确认，此地为"三宝太监"郑和府邸，原因是郑和俗姓马。张先生的发现和确认得到有关部门的重视，南京太平公园据此改名为郑和公园。同年，扬州文昌楼附近的工地，发现了异样的青花瓷碎片，玉璧底是唐代的器型特征，其图案为波斯地毯纹样。经过仔细地研究鉴定，张浦生据此将青花瓷烧造史提前到了唐代中期。

1996年4月，徐州举办瓷片标本展，展出的瓷片均采集自徐州戏马台工地。瓷片展览开幕前，主办单位派车将张浦生先生接到徐州讲课。张浦生到徐州时已经是晚上11时，但他不顾疲劳，立即上楼看展品。第二天一大早又专程到该窑址考察。经他考证，此窑址为隋唐时代瓷窑。这一发现推翻了"苏北无瓷窑"的说法，江苏瓷器烧造史也因此而改写。

张浦生慧眼独具，在研究及发现瓷器史上留下了许多故事。1995年秋，张先生出访菲律宾。菲律宾东方陶瓷学会会长热情邀请他到家中做客。谈话间他用眼一扫，大呼："会长先生，你怎么把古董文物坐在屁股底下？"原来，这个座墩是明代龙泉窑的瓷鼓墩。这事经当地媒体报道，中国文博专家"点石成金"的事迹传为美谈。一个博学多才的中国学者的形象展露在外国人面前。

1992年，张浦生应邀赴英国讲学，在伦敦大英博物馆见有一标为"大明年制"的官窑五彩碗，纹饰为"携琴访友"。张浦生隔着橱窗左看右看，最后说：这只碗是明代弘治年间的器物，只标大明年制太含混，明代有16个皇帝，必须明确标出来。张浦生还为自己的鉴定阐述理由，英国同仁听得五体投地。就这样经张浦生的点拨，这只五彩碗身价陡增。

张浦生是个闲不住的人。他从南京博物馆退休以后，依旧忙得脚不沾地。这期间，他担任几个大学的客座教授，出席遗址、墓葬出土文物的鉴定现场，文博研究论文发布会，等等。他热爱文博事业，但他认为文物是国家的珍宝，不能被个人当作摇钱树。如果内心的天平稍有倾斜，势必被文物贩子利用，就可能做下不利于国家民族的事。到过他家的人都知道，他家的博古架上摆放的都是仿古器物，书房也被他命名为"仿古斋"。大大小小的盒子里装着形形色色的古瓷片，那都是他和学生们从各地收集来的，作为研究和教学用的标本。

由张浦生倡导，1995年南京成功举办首届"瓷友雅集"。瓷友们又成立了南京古陶瓷研究会和江苏省古陶瓷研究会，每年进行一次"瓷友雅集"。南京和江苏省内外的会员瓷友，把在各地收集来的标本林林总总摆了几桌。瓷友们像蜜蜂一样，围在张先生身旁，听张先生逐片讲解，品味陶瓷文化博大精深的丰富内涵。

张浦生时常提醒收藏者，在城市基建、古河疏浚、地铁开挖时，都有可能使古瓷浮出地面，要不辞辛苦采集标本，千万不能放过。但地下文物属于国家，完整器一定要提供给各地博物馆。

张浦生带着他编撰的《青花瓷画鉴赏》一书到新加坡访问讲学，精彩的讲解让听众耳目一新。现场，当地媒体也参与了采访工作。至于如何定位张浦生，却让记者们犯了难。张浦生是鉴定家，那么是不是收藏家呢？《联合早报》记者在与张先生深入交流后才知道，眼前的这位老人的确是一名收藏家，但是他的收藏只是碎片化的，没有一件完整的瓷器成品，而且这些收藏也只是为了研究和教学，从来没有从中谋利。聪明的记者为采访他的通讯稿加了一个别致的标题"无意收藏，心中自富"。张浦生对这条标题十分赞赏，认为这标题是对他为人处世"画龙点睛"式的概括。

在张浦生的启发带动下，自20世纪80年代以来，古城南京涌现出一批痴迷古瓷片的收藏群体。他们认为完整瓷器固然保存了当时的风貌，但尘封数百年的残缺破损的瓷片，则更能体现历史的沧桑，使人产生无限的遐想。

多少年来，张浦生与众多痴迷瓷片的收藏一族都有一个美好的心愿，就是要将大家手里林林总总、形形色色的青花瓷片汇集起来，精选出典型、精美、稀有之品，加以整理，提供研究。2010年，由江苏省古陶瓷研究会编纂的《中国青花瓷纹饰图典》五卷付梓出版，张浦生专门为之作序，亦完成了他多年的夙愿。

"张一帖"：医者仁心　传家有道

张守仁（1550—1598），歙县定潭人，是徽州最早的医学名家之一，定潭"张一帖"的创始人。因其医术精湛，所研制的"十八罗汉"末药在治疗劳累伤寒症上有奇效，常一帖（剂）而愈，人们尊称其为"张一帖"。"张一帖"医术世代相传，至张舜华、李济仁夫妇，已经传承了十四代，460余年历史。因其久盛不衰，成为新安医学家族链的典型代表。

李济仁（1931—2021），歙县小川桥亭山人。作为"张一帖"的十四代传人，先后在安徽中医学院、安徽医学院、皖南医学院等工作几十年，为国家培养了一大批优秀的中医人才，并带领学生成功还原了湮没于历史尘埃中的668位新安医家及400多部新安医籍，厘清并阐明了新安医学对危急难重症的诊断治疗经验和规律，为新安医学研究的奠基者和先行者之一。李济仁、张舜华夫妇将自己的6剂有效验方公之于众，使家族医技得到更广泛的推广。在李济仁夫妇的言传身教下，5个子女都发奋读书并取得不凡成就。"兄弟三博导，两代七教授"就是对他们一家的写照。

徽文化博大精深，新安医学就是其中的一朵奇葩，歙县定潭"张一帖"就是新安医学中影响最大的世医家族之一。

李济仁（后右2）、张舜华（前中）

相传，张守仁是新安名医北宋张扩、南宋张杲的后裔，明嘉靖、万历年间，张守仁历30余年反复揣摩、临床验证，终于研制出一种粉状药剂——"末药"，有疏风散寒、理气和营、健胃宽中、渗湿利水之功，尤其适用于劳力伤寒、肠胃疾患，往往一剂而直起沉疴，病家受惠。张守仁上承先辈谦德，下定"孝悌忠信、礼义廉耻、自强精进、厚德中和"之家训，以德辅医，"张一帖"因之传承不衰。张一帖十四代传人李济仁曾言，"孝、悌、忠、信，礼、义、廉、耻"，是为"八德"，这也是中华传统文化的精髓。而作为世医传家的张一帖，还要强调"自强精进，厚德中和"的家训，这是一个家族传承数百年的精髓所在。张氏伤寒科，世代相承，声名日著，至今相承十六代。

在当地有关"十八罗汉"末药还有一个传说。相传张守仁进山采药时遇一乞丐。乞丐声称腹痛，张守仁为之号脉却无任何病症。乞丐却坚称自己有疾，张守仁医者仁心，遂将乞丐带回家，好生供养了三个来月。后来，乞丐离开时将一张药方搁置在张家，是为十八罗汉末药之始。后在张守仁数十年的研摩下，成了治疗当地劳力伤寒的良方，为当地及周边百姓带来福音，至今流传着"赶定潭"的传奇。

张守仁的善心换来了福报。正是在张氏家规家训的熏陶下，张一帖一代代传人，济危扶困，各自在所处的时代赢得了广泛赞誉，传为杏林佳话。其十三代传人张根桂，十四代传人李济仁、张舜华夫妇，都在"自强精进"上作出了很大的贡献。

"术著岐黄三世业，心涵雨露万家春。"联出近代著名学者吴承仕之手，相赠的就是定潭"张一帖"第十三代传人张根桂。吴承仕是沧山源村人，他的家乡与定潭接壤，有一年，吴承仕患痼疾，经张根桂医治而愈，欣喜之极撰联相赠。此联不仅是对张氏医术的肯定，更是对其家风传承的颂扬。

医者仁心，可以广济天下。"张一帖"传到第十四代李济仁、张舜华夫妇后，他们用自己的行动，诠释了"孝悌忠信、礼义廉耻、自强精进、厚德中和"的家训，诠释了"悬壶济世、大医精诚"的内涵，让一门独传的张一帖秘方，揭开面纱，走入更多人的视野，从而更好地服务大众。

早在1958年，李济仁、张舜华夫妇就响应国家号召，将"张一帖"祖传秘方无偿献出。2009年他们又与安徽中国徽州文化博物馆签署协议，无偿捐建医艺馆。2010年7月，"张一帖"入选国家级非物质文化遗产名录。

20世纪70年代末，李济仁、张舜华因工作调动举家迁往芜湖，年仅16岁的次子李梃留在了家乡，成了"张一帖"在家乡的守护者。

年少的李梃，对父母作出的决定十分不解，甚至心生怨念。毕竟，一个人留守老家，夜到深处，那种无依无靠的感觉总是挥之不去。直到成年以后，他才真正了解父母的良苦用心。家乡定潭是张一帖的根，他必须留下来，守好祖上的传承。"如果定潭张一帖的门关上了，哪怕仅仅关上一年，都会对当地的群众造成不便。"

多年来，李梃成了一个村落、一条水系以及歙南广大群众的守护者。冬守严寒，夏战三伏，李梃总是一大早就忙开了，在诊室的椅子上一坐就是数小时。前来就诊的病人去了一拨，又来了一拨。李梃行医特别认真，问得也十分仔细。中医十分注重养生，李梴总要在最后叮嘱患者，有针对性地进行养生训练。李梴认真和蔼的态度，常常给人一种如沐春风的感觉。作为张一帖十五代传人的李梴，从16岁开始，在定潭老家一守就是44年。现在的李梴年逾花甲，花发满头。接续李梴的是他的女儿张涵雨。张涵雨医学硕士毕业后，放弃在大城市的优渥工作回到家乡歙县，为的就是在定潭老家把张一帖的根脉守护下去。

一个百年老字号的传承，不仅包含高超的医术，更要有普济天下的胸襟。"守家"的李梴，越来越感到肩上担子的沉重。在多年的行医中，他依照祖训立下了多项规矩，如凡是上了年纪的老人和穷苦人来就医，一律不收诊费。李梴也在用实际行动践行着张氏家训。

2014年以来，李梴在家乡筹资建立医学博物馆，馆中所藏涵盖了张氏一脉460多年来的医学心得和家规家训，让参观博物馆的每一个人都能从这些数量颇丰的藏品中，感受到张氏一脉做人做事的深刻道理。

这是家训的力量，传承的力量，信念的力量。李济仁、张舜华的长子张其成，现任北京中医药大学国学院院长、教授、博士生导师，第十二届全国政协委员。谈及父母在教育子女，利用家训家规规范子女做人做事的道理上，张其成有着不少感悟。"我们徽州有许多楹联，众多古迹，每次随父母亲出诊或探亲访友，看到祠堂、牌坊或是老屋，父亲总是一面吟诵，一面讲那些砖雕、石雕、木雕背后的故事，讲做人的道理。可以说，我们家的家风都是从小耳濡目染养成的。"

"孝悌忠信、礼义廉耻、自强精进、厚德中和"的张氏家训，传世400余年，今天依旧有着跨越时空的现实意义。医者仁心，传家有道；不为良相，便为良医。张一帖医德医心、仁心仁术，在岁月的变迁中依然保持着旺盛的生命力，德泽久远，弥漫芬芳。

后 记

　　作为中华优秀传统文化的重要组成部分之一，优秀的家规、家训、家风在一定层面上对规范和引导人们的行为发挥着重要的作用。

　　为挖掘歙县历史上的优秀家规、家训、家风，歙县纪委监委于2023年2月启动了《家规　家训　家风——歙县优秀传统文化昭示教育故事》一书的编纂工作，意在让广大党员干部从中汲取优秀传统文化的精神养分，以古鉴今、以史明理，涵养新时代的良好家风。

　　歙县家风家训馆展陈文案的编撰工作得到县内诸位文史专家及爱好者的帮助和支持。在展陈文案的基础上，邵宝振、江伟民、张卫民、凌文等同志进一步挖掘歙县名门望族及歙县名人的家规、家训及家风传承的历史文化内涵，补充资料，撰成书稿。邵宝振负责全书的统稿。在本书编纂过程中，还得到了安徽师范大学历史学院庄华峰教授的大力支持。在此，谨向为本书编纂、出版工作给予帮助的单位和各方人士表示由衷地感谢。

　　本书是歙县家风家训馆的配套书籍，亦是党员干部常备的勤廉教育读物。在浩瀚的徽州优秀传统文化中搜取歙县家规、家训、家风资料是一项极其繁复的工作，难免有所疏漏，书中观点亦为一家之言，不妥之处，恳请广大读者批评指正。

编　者

2024 年 3 月